厨房必备调料

调好味做好菜

萨巴蒂娜◎主编

中国轻工业出版社

卷首语

你的厨房需要什么调料？

我会像选伴侣一样选调料。

老抽、生抽、豉油、红烧汁……光是酱油就有好多种类，难道我都要买吗？哪种味道更好？

绵白糖、白砂糖、冰糖、红糖、糖粉……甜味调料五花八门，而我只有蜂蜜，可以像小龙女一样只吃蜂蜜活十六年等来杨过吗？

陈醋、米醋、香醋、果醋、白醋、红酒醋……只是吃个简单的醋，我该选哪个？

味精、鸡精、蘑菇精，都是精，口感有什么不一样呢？能降住唐僧肉吗？

老干妈、老干爹，每个都有无数的分支，我只是下个泡面，需要"爹"还是"妈"呢？

买多少？小包装会不会不够用？大包装划算，买了就不用管了，可以用一万年吗？

鱼香肉丝怎么就能出鱼味呢？宫保鸡丁的宫保是什么味？麻婆豆腐里的麻婆在哪里买？

我爱吃火锅，哪种底料可以让我在家里就轻松吃上海底捞？吃剩下的火锅底料还可以做别的菜吗？

我是中国人，但是偶尔也吃个意大利面，需要买百里香、迷迭香、蛋黄酱吗？

对，小小的调料就包含了这么多的疑惑，厨房就是人生迷宫，若想解惑，看官请打开这本书。

高欣茹

萨巴蒂娜
个人公众订阅号

萨巴小传：本名高欣茹。萨巴蒂娜是当时出道写美食书时用的笔名。曾主编过五十多本畅销美食图书，出版过小说《厨子的故事》，美食散文集《美味关系》。现任"萨巴厨房"主编。

敬请关注萨巴新浪微博　www.weibo.com/sabadina

目 录

计量单位对照表
1 茶匙固体材料 =5 克
1 汤匙固体材料 =15 克
1 茶匙液体材料 =5 毫升
1 汤匙液体材料 =15 毫升

如何收纳保存你的
— 调味品 —

CHAPTER 1
基本味

酱油
万能调料

44　红烧带鱼

46　油焖笋

47　蒜薹炒肉丝

48　虎皮尖椒

50　扁豆焖面

52　红烧肉

53　响油芦笋

54　清蒸鱼

56　白灼虾

57　炝炒娃娃菜

58　荠菜冬笋炒年糕

60　梅菜扣肉

蚝油
至鲜至美

64　蚝油生菜

65　蚝油牛肉

味精
提鲜增香

68　清炒莴笋丝

69　韭菜鲜肉饺子

料酒
增香去腥膻

70　荠菜豆腐羹

74　香菇花生煲猪脚

76　东坡肉

淀粉
厨师的最佳拍档

79　黑椒牛柳粒

80　锅包肉

82　牛肉羹

红油
无辣不欢

85　凉拌鸡丝

香油
点睛之笔

87　拍黄瓜

88　紫菜蛋花汤

CHAPTER 2

干香辛料

90 金针肥牛 　　94 山城辣子鸡 　　96 油泼面 　　98 椒盐排条

100 孜然羊排 　　92 干煸豆角 　　　　　　　　　　　104 鲫鱼炖豆腐

106 红烧小萝卜 　107 白果煲猪肚 　102 砂锅白菜炖粉条 　108 酸辣汤

110 黑椒烤翅 　　112 杂蔬牛尾汤 　114 虾仁芦笋 　115 牙签肉 　116 干炸萝卜素丸子

CHAPTER 3

新鲜香料

120 宫保鸡丁 　122 猪肉大葱包子 　123 寿喜锅

118 葱爆牛肉 　　　　　　　　　　126 葱花炒鸡蛋 　127 小葱拌豆腐

128 姜汁菠菜 　124 葱油拌面 　　129 姜母鸭

CHAPTER4

制胜好酱

164 鱼香肉丝

168 铁板鱿鱼　　170 豆腐薄脆　　166 剁椒蒸芋头

167 越南春卷

176 咖喱牛肉盖饭　171 XO 酱炒米粉

172 茄汁大虾

174 意大利海鲜浓汤

178 虾酱炒空心菜

自制调味

180 辣椒油　　182 葱油

186 照烧酱　　188 蓝莓酱

184 花椒油

初步了解全书

看着名字
就流口水

需要用到的食材一目了
然，要打有准备的仗

调味技巧，专为这道菜
量身定制的调味知识

品尝菜肴也是
有情怀的

时间、难易
度清楚明了

详尽直观的
操作步骤让
你简单上手

烹饪秘籍，让你与美味不再
失之交臂

为了确保菜谱的可操作性，

本书的每一道菜都经过我们试做、试吃，并且是现场烹饪后直接拍摄的。

本书每道食谱都有步骤图、烹饪秘籍、烹饪难度和烹饪时间的指引，确保你照着图书一步步
操作便可以做出好吃的菜肴。但是具体用量和火候的把握也需要你经验的累积。

书中部分菜品图片含有装饰物，不作为必要食材元素出现在菜谱文字中，读者可根据自己的
喜好增减。

如何收纳保存你的
── 调味品 ──

超市里调料区的货架上，瓶瓶罐罐、包包袋袋，错落有致、井井有条，总是摆满了琳琅满目的调味料。

一旦买回家开始使用之后，各种调料的储存和收纳方式可就各不相同了。有的需要换袋，有的需要冷藏，有的需要避光，有的需要密封……

正确的储存方法可以确保调料能够安全用到保质期，合理的收纳方法能够让厨房空间的利用率更高。

可见除了炉灶上的讲究，厨房的各个角落都蕴含着大大的学问。

我们将按照正文部分的分章逻辑介绍家用调料实用的储存和收纳方法，希望对大家有所帮助。

基本味

人们经常用"柴米油盐酱醋茶"来形容丰富多彩的人生，仔细看看里面的七个字，都与厨房有关，可见饮食在人们日常生活中的重要性。在烹饪中常用的调料也大都在上述的几种中，它们被称为调料的基本味。我们按照物理形态将其区分为固态和液态调料，并分别介绍它们的储存和收纳方法：

1 固态调料，包括盐、糖、提鲜调料、淀粉

盐

盐是当之无愧的百味之首。关于盐的保质期，国家质检总局有相关规定，含碘的盐是免标保质期的，含有其他微量元素的盐才标保质期，一般是三年。就盐本身来说是没有保质期的，但是需要有正确的储存方式，应注意避光密封保存，离灶台远一点，放置在干燥阴凉处，以免受潮结块或成分分解。另外，长时间加热后盐的微量成分易分解，最好出锅前再加。

糖

烹饪时加入适量的糖可以提鲜。一般来说糖的保质期在两年左右，但是并不代表两年之内都可以食用。拆封后的糖极易被嗜甜的螨虫或微生物污染，而且也像盐一样容易受潮结块，所以在储存时要保证密封干燥。开封时间比较久的糖就不建议生吃了，需要充分加热之后再食用。烹饪时，如果需要炒糖色，需要在油锅热后就放糖炒制出焦糖色，如果只是用糖来调味，在烹制过程中加入即可。

味精虽鲜，不要贪吃哦。鸡精和鸡粉都属于味精，主要成分都是谷氨酸钠，只是分别添加了盐和鸡肉粉，价格也有所差别。味精保质期在三年左右，鸡精和鸡粉的保质期为一两年，保存时同样需要注意密封保存，粉状的鸡粉比颗粒状的鸡精更容易吸水变潮软。其主要成分谷氨酸钠经高温长时间加热会变成焦谷氨酸钠，不但没有鲜味，还有毒性，所以一般在临出锅前再加入。

淀粉

淀粉是勾芡、油炸小助手。淀粉开封后尽量在半年内用完，在空气中暴露容易吸湿膨胀甚至发霉，同时淀粉吸收异味的能力也很强，所以一定要密封并且在干燥的环境中存放。

2 液态调料，包括醋、酱油、料酒、蚝油、透明油脂

醋可不是越陈越香的。很多人说酒、醋同源，都是通过发酵获得的，越陈越香，但是醋一经打开可就有了有效期。有些霉菌是耐酸的，会在醋中繁殖使醋变淡，产生霉臭气味。所以开封后醋需要盖紧瓶盖，在阴凉处保存。醋放置久了出现的下面的沉淀物是未过滤干净的粮食残渣，不会对人体有危害，可以大胆使用。烹饪时，醋一般用在"两头"，炒素菜时原料入锅马上加醋，可以减少维生素的损失并且软化蔬菜中的膳食纤维；做肉菜时，在出锅前加一点可以解腻增香。

酱油是又鲜又咸的优秀调料。酱油开封后的有效期一般在半年内，正常家庭一瓶500毫升的酱油完全可以在这个期限内用完。瓶装酱油买回来需要放在阴凉处避光保存，用完扣紧瓶盖即可。如果发现酱油表面有白色漂浮物或者酱油变得混油了，那是因为酱油内微生物已经借助内部的营养成分开始大量繁殖了，此时的酱油就变质不能食用了。烹饪时一般后放酱油，这样可以保证酱油中的氨基酸和其他营养成分的保留。

蚝油是受人喜爱的广式调料。蚝油可不是油脂，它是牡蛎干熬制成汤，又经过过滤后浓缩制成的。蚝油的保质期一般为两年，开封后冷藏保存可以用半年左右，常温下尽量在三个月内用完，并且要远离热源，在阴凉处密封保存。烹饪时蚝油不宜早放，高温会破坏蚝油的营养成分，在出锅前1分钟加入即可，这样既保持了鲜味又不会损失它的营养价值。

在烹饪中加酒类一般是为了去除肉、鱼制品中的腥味。料酒是在黄酒的基础上衍生出来的新的调味料，相较于啤酒和白酒更适合在烹饪中使用，去腥提鲜的效果也最好，一般也是在阴凉处密封保存，开封后尽量在一年内用完。烹饪时一般在腌制时使用，或者在温度最高时使用，这样可以借助其挥发作用带走肉中的腥膻气味。

虽然拿取方便，也不要将油放在灶台边。香油、辣椒油、植物油、动物油都属于透明油脂，一般未开封的油保质期在一年半左右，开封后尽量在四到九个月内使用完，可以根据不同的用量选择不同容量的容器。油脂在高温下的氧化反应很快，所以也要远离灶台，密封保存。常用的存油容器最好是干净无水的陶瓷器皿或深色玻璃瓶，平时用完后加盖密封。

干香辛料

　　除了基本味的调料之外，很多时候我们在烹饪时还需要用到带有植物特殊香气的调料来丰富菜肴风味，比如制作麻辣、十三香、烧烤风味的菜肴时就需要用到花椒、八角、辣椒、孜然这类干香辛料。它们都是由植物的根、茎、叶、果实加工得来的，有大量的挥发性油类，很容易发霉，所以要注意密封保存，可以在使用之前用水冲一下再下锅。另外，如果家中用量少，尽量买小包装，确保在半年内用完。如果偶尔想要做类似卤牛肉这种需要很多种调料、但是每种用量都很少的菜肴时，可以去超市选购炖肉料包，每次一包，方便实惠，还不用担心过期问题。

新鲜香料

　　除了干香辛料之外，还有很多类似葱姜蒜这样的新鲜香料，虽然用量不大，却是菜品的灵魂一般的调味品。新鲜的调料像蔬菜一样，最好是现买现吃。如果实在不方便，可以用塑料袋装好，放在冰箱里或常温地面上，也要在阴凉通风处。表面稍微有一点风干不影响食用。

　　如果需要长时间储存，可以将葱类的根部浅浅地浸泡在水中，这样可以将葱"养活"；如果长时间保存姜，可以把姜埋在微微湿润的沙子中，或者用淡盐水洗过后用保鲜膜封好，入冰箱冷藏；蒜时间长了容易长苗，从而吸收大蒜本身的养分，可以把大蒜的根部切去，放在塑料袋中现用现拿。

　　烹饪时，可以在热油中直接加入新鲜香料炒制，也可以在烹饪过程中加入，有不一样的风味。

制胜
好酱

　　酱类调料一般比较浓稠，不容易倒出，所以盛装的容器的口会大一些，方便盛取，这样就带来了两方面的污染，一是与空气接触的面积会增大，二是在盛取时使用的厨具也会对酱料造成二次污染。虽然酱料中含有一定的盐分，并且加工过程是经过灭菌处理的，但是开封后的酱料还是需要尽快用完的。酱料中的油脂在高温环境中容易酸败，所以需要远离灶台，密封好放冰箱内储存。烹饪过程中的酱料一般都是再次加热熟制的更香，根据不同的菜品需求，炒、蒸、煮都可以。

// 除了正常的储存之外，很多家庭会给调味品分装或者换瓶，选择容器时要注意不要用塑料或不锈钢器皿，调味品一般是酸性或碱性的，长期放在金属器皿中容易使调味品的味道发生改变，或者腐蚀容器，影响身体健康。最好选用净色系陶瓷或深色玻璃器皿盛装。

// 学会了这些基本的储存和收纳方法，我们要马上进入厨房，检查并改正现有的错误收纳方法，做一个从正确使用调料开始的烹饪达人。

CHAPTER 1

基本味

本章收录了每个家庭中必备的调料，它们最重要，用起来最方便，也最为频繁。掌握这些调料的使用，就掌握了厨房调味的基本功。

调料品名单

- 盐
- 糖（如冰糖、砂糖、红糖等）
- 醋（如苹果醋、香醋、陈醋等）
- 酱油（如生抽、老抽、红烧酱油、低钠酱油、鲜味酱油、蒸鱼豉油、美极鲜等）
- 蚝油
- 味精（如鸡粉、鸡精等）
- 料酒（或黄酒）
- 淀粉
- 红油
- 香油

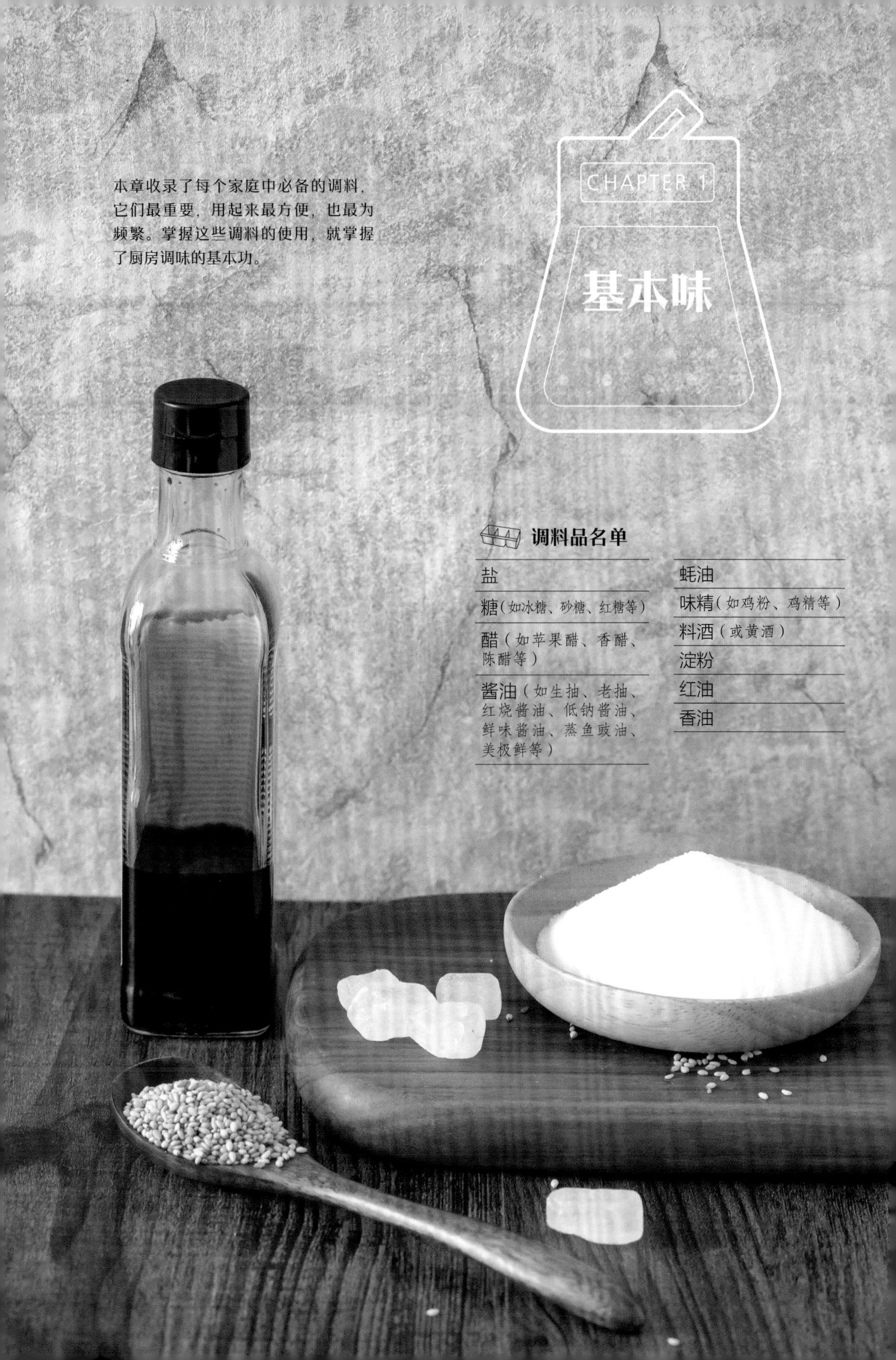

盐

/ 百味之首 /

日常都会遇到哪些盐?

按纯化后的纯度来分,食盐可分为粗盐和细盐。

按制盐原料的来源来分,食盐可分为井盐、湖盐、海盐、岩盐等。

按加工方式不同还有竹盐,这一种风味盐。

饮食中盐的作用

盐在人体内发挥了非常重要的作用,我们需要摄入盐来调节体内电解质平衡。神经的一些正常功能也都跟钠有关。如果低钠,有可能诱发运动员的肌肉痉挛。

同时我们的饮食中也要限盐。我国居民膳食指南建议每日摄入盐在6克以内。世界卫生组织建议每日摄入的盐在5克以内最为理想。

盐与烹饪的关系

食物的味道之间有着奇妙的相互作用。在烹调菜肴中加入食盐可以提高原料的鲜度,这就是盐的提鲜作用。每道菜不论档次高低,在烹饪用料方面大致可分为动物性原料和植物性原料两大类。林林总总的烹调原料各具独特的风味特色,但是它们所呈现的鲜味物质却基本相同。烹饪原料中

的肉、鱼、禽、蛋、蔬菜里都或多或少含有一些呈现鲜味的物质，但是它们自身所表现出的鲜美味道并不明显，只有与食盐中的钠离子相结合才能呈现出明显的鲜味来，因此提鲜离不开食盐。

想做简单又好吃的菜，还真有这样两全其美的事儿。这道菜，黄瓜清脆爽口、鸡蛋蓬松香嫩，简单到只加盐调味，原汁原味，好吃又下饭。

原汁原味好下饭

黄瓜炒鸡蛋

⏱ 15分钟 ｜ 🍽 简单

主料
黄瓜200克 ｜ 鸡蛋2个

辅料
花生油1汤匙 ｜ 盐1/2茶匙 ｜ 大蒜3克

🧂 调味技巧

少而精地使用一种调味更能体现食材的本味，这道菜中的黄瓜和鸡蛋本身就是很美味的食材，所以只加了盐来调味提鲜就足矣了。

做法

1 黄瓜洗净、去蒂，将黄瓜纵向剖开，斜切成片；大蒜切片。

2 把黄瓜片放入小盆中，加入1/4茶匙盐拌匀。

3 鸡蛋磕入碗中打散，加入1/4茶匙盐搅匀。

4 炒锅加入花生油烧热，倒入蛋液炒至蓬松，盛出备用。

5 原锅加入蒜片炒香，放入黄瓜片大火翻炒2分钟。

6 接着加入刚才盛出的炒鸡蛋，翻炒均匀即可出锅。

烹饪秘籍

1 切好的黄瓜片加入盐后可以静置10分钟，把黄瓜腌出来的汤汁倒掉不要。这样做是为了炒好以后黄瓜不会出太多汤汁，口感比较脆爽。

2 鸡蛋比较容易吸附味道，在炒制过程中再撒盐有可能会撒不匀，所以先将盐加入蛋液中是比较好操作的方式。

小小绿胖子
炒蚕豆

⏱ 15分钟 | 🍴 简单

主料

蚕豆500克

辅料

花生油1/2汤匙 | 盐5克
白砂糖1茶匙

🧂 调味技巧

我们更改了以往先用葱煸炒出葱油、再用葱油炒蚕豆的传统做法，而是直接用花生油、盐和糖炒，这样可以最大限度地保留蚕豆原有的清香，不会让葱的味道占了主角。

一盘胖嘟嘟、圆滚滚的蚕豆看起来就让人心情舒畅。用盐和糖炒制过后，咸口中还能寻到一丝丝甜味，吃起来会上瘾哦。

做法

1 蚕豆洗净，放在一旁控干水分。

2 锅烧热后倒入花生油，待油微热后将蚕豆倒入锅中。

3 中火翻炒蚕豆，至颜色变绿变深。

4 倒入30毫升凉水和3克盐，盖上锅盖，中火焖5分钟。

5 开盖后转大火，快速翻炒至收汁后关火。

6 加入白砂糖和剩下的盐，搅拌均匀后即可出锅。

🍳 烹饪秘籍

炒蚕豆的过程中盐是分两次加的，第一次加盐是为了使蚕豆内部更入味，第二次加盐是为了保证蚕豆外表的咸味更均匀，这样能更好地遮盖豆腥味。

包子是中国人伟大的发明，相对于西方比萨的外露奔放，包子更符合东方人含蓄内敛的风格。暴腌过的雪里蕻味道咸香又不失爽脆的口感，用猪肉馅融合过后显得更加与众不同。一口下去，是味蕾的极大满足。

烹饪秘籍

切碎的雪里蕻比较松散，和馅时与肉馅搅在一起可以增加黏稠度，包包子时更容易成形。

我可以吃五个！

暴腌雪里蕻包子

⏱ 120分钟　　📋 复杂

主料

雪里蕻1000克｜猪五花肉末300克
醒发好的面团1000克

辅料

盐55克 ｜花椒10克｜香油1/2汤匙
料酒10毫升｜味极鲜1/2汤匙
姜末10克

／🧂 调味技巧 ＼

腌渍食物的主要调味料就是盐，需长时间腌渍的食物如果腌制不充分，就容易产生对人体有害的亚硝酸盐，危害健康。这道菜中的雪里蕻只腌渍了一晚，现腌现用，既让食材入味又不会产生过多的亚硝酸盐，的确是一个两全其美的办法。

做法

1　雪里蕻择好、去根，洗净、沥水，悬挂晾晒半天至表面微干。

2　取无水无油的盆，放入雪里蕻、50克盐和花椒，均匀揉搓每一根雪里蕻，使其表面充分接触到盐，直至雪里蕻微微变色、渗出水分。

3　将雪里蕻放入盆中压实，盆口用保鲜膜封好，在表面扎几个小孔，将盆置于阴凉通风处腌制一夜。

4　第二天将腌制好的雪里蕻取出，洗净表面盐分，拧干后放置一旁继续控水。

5　肉末中加入料酒、味极鲜和姜末，顺时针方向搅匀。

6　将控干水分的雪里蕻切碎，用香油炒香后盛出，和肉馅搅拌在一起。

7　馅料加剩下的盐调味；面团排出空气揉匀，分成剂子，擀成包子皮，包成包子后再醒发15分钟。

8　蒸锅内放水，煮沸后将醒好的包子摆入蒸屉中，中火蒸20分钟，关火再闷2分钟即可出锅。

做一朵精致的蘑菇
烤口蘑

⏱ 20分钟 | 白 简单

主料

口蘑300克

辅料

现磨海盐3克 | 现磨黑胡椒3克

🔔 调味技巧

菌类本身是鲜味素含量非常高的食物，纯吃口蘑、喝蘑菇汁可能太过于"鲜"了，所以在烹饪中加入海盐和黑胡椒以柔和鲜味，在增添西式风味的同时又不改变口蘑本身的味道，既解腻又美味。

🖐 初次见时，我竟无法分辨这是何种食物。圆形的小碗里面兜住一汪甘甜的鲜汁，先喝汁后吃肉，才顿悟这是大自然馈赠于我们的最宝贵的礼物。

做法

1 将烤箱上下火预热到170℃。

2 预热烤箱时把口蘑的菇柄掰掉，洗净，菇柄不要丢，可以留着煲汤用。

3 将口蘑翻过来，像小碗一样摆在烤盘上。

4 将口蘑放入预热好的烤箱，用170℃的温度烤制15分钟。

5 烤箱断电，打开烤箱，戴手套平稳地将烤盘端出。

6 向满是蘑菇汁的口蘑上均匀撒上海盐和黑胡椒，就可以品尝美味了。

烹饪秘籍

越新鲜的口蘑烤出的蘑菇汁越鲜美、口感也越好，口蘑一般现买现买。直径在4厘米以内，颜色呈灰白色，菇盖光滑且无斑点，菇盖将菇柄紧紧包住看不到菌丝的口蘑是最鲜嫩好吃、品质上乘的。

海之味

盐焗蟹

⏱ 60分钟 | ☐ 简单

主料

大闸蟹2只（约300克） | **粗海盐1200克**

辅料

姜丝20克 | 花雕酒（或料酒）100毫升

做法

1 将大闸蟹刷洗干净后放在盆子里，倒入花雕酒，放入姜丝，腌制20分钟。

2 腌制时取一炒锅，空锅烧干后放入粗海盐，大火炒热，其间用铲子翻匀。

3 听到锅内有盐噼里啪啦炸开的声音时，盖上锅盖，转小火。

4 将大闸蟹取出，沥去水分，再用厨房纸仔细吸干水分。

5 将大闸蟹放入锅内，埋于海盐中，盖上锅盖，中火焖5分钟。

6 再把大闸蟹翻过来，仍然埋在海盐中，盖上锅盖，中火焖5分钟。

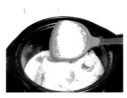

7 开盖翻炒一下海盐，将大闸蟹埋于海盐中，盖上锅盖，小火焖10分钟。

8 最后关火，将大闸蟹取出，扫去身上的盐分就可以享受美味啦。

烹饪秘籍

一定要把大闸蟹表面的水分吸干净，因为在烹饪过程中螃蟹本身会蒸发出部分水分，这部分水分足够溶化使整道菜咸味刚好的海盐，水分过多会使更多的海盐溶化，导致盐焗蟹太咸，没办法入口。

俗话说"不时不食"，秋季是吃蟹子最好的季节，一只只肥美的螃蟹在海盐中翻滚旋转，用海盐传递热量慢慢将螃蟹焗熟，同时赋予它味道，这才是海之味的终极版本。

糖

╱ 锦上添花 ╱

日常都会遇到哪些糖？

按形态来分，糖可分为干性糖（砂糖、冰糖、糖粉）和湿性糖（蜂蜜、麦芽糖）。

按精致程度来分，糖可分为精制糖和粗糖。

按色泽来分，糖可分为红糖、白糖、焦糖等。

饮食中糖的作用

糖味道清甜，能使人愉悦。蔗糖是一种天然有机物，最终分解产物为二氧化碳和水，所以又叫做碳水化合物。糖进入人体后会分解，一部分会随着身体的血液循环运往身体各个部位，作为能量，维持人体最基础的生命活动，比如为脑组织供能、维持体温和肌肉活动；另一部分会被肝脏和肌肉等组织以糖原的形式储藏起来，当身体内血糖含量降低时，作为能源物质为身体提供能量。糖还是构成机体的重要物质，比如糖蛋白、糖脂、核糖和脱氧核糖都是身体内激素、酶、抗体、细胞膜等的组成部分。

适量食用糖是有益的，但长期过多摄入会造成肥胖或引发糖尿病等慢性病，在生活中应注意适量食用。

糖与烹饪的关系

糖在烹饪中有着独特的作用，恰当使用糖能够为食材增色不少。

1.调味作用：在烹饪时加入糖可以提高菜肴甜味，或者起到抑制酸味和缓和辣味的作用。

2.增色作用：糖在烹饪时还经常被用来"炒糖色"，由黄到红，逐渐加深的颜色可以作为天然色素为菜肴增色。

3.增香作用：糖在加热过程中发生的焦化反应会产生焦糖的香气，为菜肴增香。

4.成菜作用：在制作蜜汁、挂霜和拔丝菜肴时，糖是最重要的调味料，有着不可替代的作用。

5.抑菌作用：高浓度的糖液可以抑制微生物的成长和繁殖，起到延长菜肴保质期的作用。

也太好吃了吧

冰糖肘子

⏱ 180分钟 | 🍴 复杂

主料

生猪肘1个（约1200克）

辅料

花生油1/2汤匙 | 冰糖50克 | 料酒30毫升 | 焯水料包（姜片5片、葱白段3段、小香葱5根、八角3粒、花椒20粒） | 炖煮料包（桂皮1块、香叶2片、陈皮4块） | 生抽1汤匙 | 盐1/2茶匙 | 小香葱碎5克

做法

1 买回来的猪肘冲洗一下，提前浸泡一夜，泡出血水。

2 把猪肘洗净后放入煮锅，倒入没过猪肘的冷水和料酒，再放入焯水料包，开大火煮。

3 在焯水过程中撇去不断产生的浮沫，水沸后将火调小继续撇沫，直到不再产生浮沫，此时转到最小火继续煮。

4 取一炒锅，锅烧热后倒入花生油和冰糖，开小火，不断用炒勺搅动油和糖，直到冰糖融化，慢慢呈现出焦糖色。

5 舀100毫升焯肉的汤到炒锅内，开中火，搅动到完全融合，把猪肘捞到炒锅内，再倒入剩下的肉汤。

6 丢掉焯水料包，放入炖煮料包，盖上锅盖，小火煮2小时。

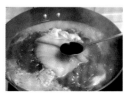

7 打开锅盖，倒入生抽，搅拌汤汁并不断地将汤汁浇在猪肘上，开大火收汁，其间可以尝一下味道，加盐调节咸淡。

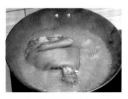

8 看到汤汁浓稠、冒大泡之后，小心地将猪肘盛到盘中。

9 剩下的汤汁继续不停地搅拌熬煮至浓黑油亮，关火淋在猪肘上。

10 最后撒一把小香葱碎就可以了。

烹饪秘籍

用油炒糖色时要注意油温升高很快，一定要用小火并且快速搅动来观察糖的变化，多几秒有可能就会有煳味了，宁可少炒几秒，如果炒制时间不够，后期可以放一点老抽增色。

当这样一道红润油亮、晶莹弹嫩的冰糖猪肘摆在面前时，没有人不会暗自咽下口水吧。经油炒过的冰糖变成刚刚好的焦糖色，紧密包裹在软烂的肘子外层，好吃到犯规。

千丝万缕

拔丝山药

⏱ 20分钟 | 🖐 简单

主料

山药500克 | 细砂糖100克

辅料

花生油500毫升 | 熟白芝麻10克

🧂 调味技巧

拔丝菜，只需要一种调味料就可以撑起来的一类菜品，简单的食材、单纯的味道，却能收获最满足的微笑。

做法

1 山药洗净，去皮，切滚刀块，在清水中冲洗，擦干表面水分备用。

2 取一炒锅，锅烧热，倒入花生油，待油温烧至五成热时下入山药。

3 开中火，不断翻动山药，炸至表面金黄微焦后，盛出控油。

4 锅内留少许底油，将细砂糖倒入锅内，转小火，用炒勺快速搅动。

5 糖会经历融化、起大泡、起小泡等过程，其间要一直保持搅动。

6 当看到糖刚变成橘红色时，马上把山药放入锅内，快速翻炒让糖浆裹满山药。

7 关火，将山药盛入抹油的盘子里，在表面撒一点熟白芝麻就可以了。

烹饪秘籍

学会了拔丝菜品糖浆的制作方法，拔丝苹果、拔丝红薯都可以安排起来了。淀粉含量高的食材，比如山药、红薯可以直接下锅炸，像苹果、香蕉这样含水分高的食材则需要裹一层淀粉糊再炸，效果会更好。

 这是一道一上桌大家都会马上伸筷子的菜。除了因为放凉了拉丝效果不好外，最重要的原因是好吃。口感软糯的山药搭配薄薄的脆壳糖衣，味道相互中和，不会太过甜腻，千丝万缕的细丝又增加了乐趣，好吃又好玩。

要比比谁更可爱吗?

红糖姜汁汤圆

⏱ 30分钟 | 🍳 简单

主料

糯米粉200克

辅料

红糖20克 | 老姜10克 | 桂花干5克

🧂 调味技巧

红糖浓厚的香甜可以中和老姜的辣味,二者的功效又都是暖身温润,可谓是绝佳搭配了。

做法

1 糯米粉放入圆底面盆中,用筷子边搅动边倒入热水,搅成絮状。

2 待面絮稍稍冷却后,用手揉成光滑的糯米面团。

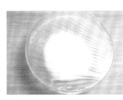

3 将面团留在面盆中,盆口覆保鲜膜,醒面10分钟。

4 其间将老姜去皮、切薄片,煮一小锅开水。

5 面团醒好后揉搓成均匀的小圆子。

6 将糯米圆子下入沸水中,轻轻推动,防止粘底。

7 等水再次沸腾后,下入姜片和红糖,其间再点两次凉水。

8 等到糯米圆子都漂浮起来,把姜片捞出,关火出锅,撒上桂花干就可以品尝美味啦。

烹饪秘籍

面团揉好后一定要醒面,这样做出的糯米圆子才更加弹牙细腻。

红色透亮的汤中浮着几粒刚露头角
的白色小圆子，旁边飘着几片黄色的
桂花花瓣。红糖和老姜的甜辛中和成
温暖的味道，伴着软糯的圆子，足以
温暖世间万物。

醋

/ 八面玲珑 /

日常都会遇到哪些醋?

按制醋工艺流程来分，醋可分为酿造醋和人工合成醋。

按颜色来分，醋可分为浓色醋、淡色醋、白醋。

按制作原料来分，醋可分为谷物醋、水果醋、糖醋、酒醋等。

饮食中醋的作用

食醋中的主要成分是醋酸，除此之外还含有丰富的钙、氨基酸、琥珀酸、葡萄酸、苹果酸、乳酸、B族维生素及盐类等对身体有益的营养成分。

醋有一定的杀菌抑菌能力，所以它可以预防感冒，据说食醋厂的工人几乎全年不患感冒；醋因其酸酸的味道而有增进食欲、促进消化的作用，也就是常说的开胃、消食；醋在中医上讲是"收敛"的，所以可以辅助治疗腹泻、痢疾等疾病。而关于醋可以软化血管的说法是错误的观念，醋进入人体后经过消化吸收，酸度被分解，并不会影响到血液中的pH值，也起不到软化血管的作用。

适量食用醋对身体是有好处的，但大量食用醋并不会起到治疗某些疾病的作用，反而会伤害胃，每人每日的食用量控制在6毫升以内就可以了。

醋与烹饪的关系

醋在日常烹饪中，除了增加菜肴酸味使其更可口之外，还有许多其他的作用。

比如醋可以使蔬菜等原料更加鲜嫩脆爽，同时保证其色泽不易变化；

在烹制肉类食材时加入醋，可以使肉质更容易变得软烂，并且醋酸可以溶解骨质食材中的钙，使其游离出来，更容易被人体吸收；醋味还可以去除鱼肉制品中的腥膻味道，保证食材本身的醇香；醋在调味中还具有增鲜的作用，当菜肴的整体酸碱度呈弱酸性时，鲜味的氨基酸或核苷酸离解度最大，鲜味也最浓郁；醋还可以减辣，因为辣椒素呈碱性，加醋可以中和掉一部分辣味。因此醋在烹饪中是十分重要的调味料。

一碗接一碗

岐山臊子面

⏱ 45分钟 | ☐ 中等

烹饪秘籍

臊子里的食材要切得大小形状相似，这样不仅可以保证食材的成熟时间一致，而且成品臊子看起来也会更精致可口。

主料

猪五花肉50克 | 鸡蛋1个 | 土豆1个 | 泡发的木耳80克
胡萝卜半根 | 豆腐干30克 | 韭菜15克 | 鲜面条400克

辅料

花生油1茶匙 | 葱姜碎各5克 | 十三香粉1茶匙
辣椒粉1茶匙 | 酱油2茶匙 | 岐山香醋2汤匙
盐2茶匙

🧂 调味技巧

岐山臊子面最灵魂的调味料就是醋了，而醋中最适合用来做这道菜的非"岐山醋"莫属，岐山醋味净酸长、提调各味，非常有特色。

做法

  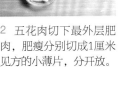 

1 将所有食材清洗干净，控水，土豆和胡萝卜去皮。

2 五花肉切下最外层肥肉，肥瘦分别切成1厘米见方的小薄片，分开放。

3 土豆、木耳、胡萝卜、豆腐干、韭菜均切成1厘米见方的薄片。

4 鸡蛋打碎，煎锅烧热后刷一层花生油，烙成薄薄的蛋饼，再斜刀切成小菱形块。

5 炒锅烧热后倒花生油，下入葱姜碎，小火炒香后下入肥肉片。

6 小火继续翻炒肥肉片，直至炼出猪油，再下入瘦肉片翻炒。

7 肉片变色后，加入十三香粉、辣椒粉，翻炒均匀。

8 转大火，下入切好的土豆、木耳、胡萝卜和豆腐干。

9 向锅内倒入酱油和岐山醋，翻炒均匀后加水没过食材。

10 取煮锅，坐锅烧水，水沸后锅内放少许盐，下面条。

11 炒锅内水沸后加入鸡蛋和韭菜，加盐调味后关火。

12 面条点两次凉水后关火捞出，浇上臊子就可以开吃啦。

作为一个北方人，是无法拒绝面食的。馒头、包子、面条，各种面制品天天吃也不会腻。尤其是这种加了刺激味蕾的醋和辣椒的汤面，入口顺滑，先酸后辣，汤底里还有口感和味道各异的食材，让人一碗接着一碗，欲罢不能。

可以被称作"健康界扛把子"的蔬菜沙拉，以其超低热量和简易的制作方法深受大众的喜爱。随手取来几种喜欢的蔬果，洗洗干净，加点醋啊、橄榄油啊，怎样都好吃。

健康界扛把子
蔬菜沙拉

⏰ 10分钟 | 🍴 简单

主料
叶生菜3片 | 樱桃番茄5个 | 黄瓜半根
紫甘蓝1片 | 即食玉米粒20克

辅料
苹果醋1/2汤匙 | 柠檬汁1/2茶匙
海盐少许 | 黑胡椒粉少许
橄榄油1茶匙

 调味技巧

沙拉可以有无数种调味方式，相比于沙拉酱和千岛酱，油醋汁更能让人感到清新爽口。

做法

1 将所有食材清洗干净并控干水分。

2 生菜撕小片，樱桃番茄一切为四，黄瓜切薄片，紫甘蓝去硬梗、切细丝。

3 将所有食材放入沙拉盆中，依次放入调味料，搅拌均匀。

4 最后转移到干净的盘子中就可以了。

烹饪秘籍

由于沙拉是直接生吃的食物，所以在加工环节要格外注意卫生，最好用酒精擦拭砧板进行消毒。

经典国民菜

酸辣土豆丝

🕐 20分钟 ｜ 白 简单

主料

土豆300克

辅料

青椒、红椒各30克 ｜ 花生油2茶匙

花椒5克 ｜ 干辣椒2个 ｜ 香醋1汤匙

盐1茶匙

如果可以做统计，全国中餐馆下单量最高的菜肴非酸辣土豆丝莫属了，这简直是无菜可超越的经典。越是经典的菜，烹饪起来也越要谨慎。一定要用香醋和干辣椒，辣椒的香味和来不及挥发的醋会将你的味觉体验推向巅峰。

/ 🧂 调味技巧 /

单看菜名就知道这是一道"醋意十足"的菜，可以作为主食的土豆加上辣椒和醋，酸酸辣辣，摇身一变就成了下饭菜啦。

做法

1 土豆洗净、去皮，切细丝；青红椒洗净，去子，切细丝。

2 将土豆丝淘洗两次，然后在清水中浸泡10分钟。

3 起锅，倒入花生油，油微热后下入花椒和掰开的干辣椒，小火炒香。

4 将土豆丝捞出控干水分，下入锅中。

5 大火翻炒半分钟后放入青红椒丝，继续翻炒1分钟。

6 最后烹入香醋和盐，翻炒均匀就可以关火出锅了。

烹饪秘籍

淘洗和泡水的目的都是去掉土豆中多余的淀粉，因为淀粉加热会发黏，破坏土豆丝清爽的口感。

美若琥珀

肉皮冻

⏱ 150分钟 | 🍲 中等

主料
猪皮1000克

辅料
八角2粒 | 花椒8克 | 桂皮5克 | 姜片5片
生抽2汤匙 | 陈醋1汤匙 | 香油1茶匙 | 蒜泥10克

🧂 调味技巧

爽滑弹牙的肉皮冻本身就是十分勾人食欲的食物，点缀以口味浓醇、酸香诱人的陈醋一起食用，既解腻又提鲜，简直是黄金搭档。

做法

1 猪皮反复刷洗干净，尽可能去掉背部油脂和表面的猪毛。

2 猪皮冷水下锅，锅内放2片姜片和一点花椒，大火煮沸。

3 水沸后开盖煮1分钟，关火，将猪皮捞出，用温水冲洗干净。

4 再次检查、处理猪皮上的杂质，然后切成5毫米宽、5厘米长的条。

5 将切好的猪皮和八角、花椒、桂皮、姜片一起放入锅内，加水至水面比猪皮高2厘米。

6 大火煮沸后转小火，煮1小时，然后加入生抽再煮半小时。

7 煮好后捞出八角、花椒、桂皮和姜片，将猪皮汤倒入方形容器中。

8 将猪皮汤在常温下放凉，然后覆保鲜膜，放入冰箱冷藏待其凝固。

9 凝固后就变成了肉皮冻了，可将其分为几块分装冷藏，随吃随取。

10 食用时将肉皮冻取出切厚片，调入陈醋、生抽、香油和蒜泥就可以了。

烹饪秘籍

猪皮里面的胶原蛋白是形成嫩滑爽口的肉皮冻的关键，如果时间允许，可以多煮一会儿，这样猪皮里的胶质会出来更多，更容易凝固。

晶莹剔透的肉皮冻可以一次多做一点，下次吃起来方便又美味。经过小火慢炖的肉皮渗出胶质，冷藏过后形成肉冻，用陈醋凉拌，酸爽的味道和滑嫩的口感一相逢，便胜却人间无数。

先吃为敬

糖醋排骨

⏱ 60分钟 | 🍴 中等

主料
猪肋排750克

辅料
花生油500毫升 | 料酒2汤匙 | 姜片10克 | 蒜片10克
冰糖20克 | 生抽1汤匙 | 香醋3汤匙 | 盐1茶匙

🧂 调味技巧

分两次放醋不仅是为了保证酸味，更是为了使我们
更容易吸收肋骨内的营养成分，因为
在炖肋骨时，在醋的作用下，排骨中
的磷酸钙、骨胶原等物质变得更容易
析出，也就能被人体充分利用了。

做法

1 购买排骨时请店家把肋排斩成段，回家洗净后浸泡半小时，泡出血水。

2 肋排泡好后再次冲洗干净，控干水分后加料酒和部分姜片，抓匀后腌制半小时，去除腥味。

3 炒锅烧热后倒入花生油，待油温六成热时，放入肋排，中火炸制，并不断翻动，使受热均匀。

4 待肋排表面金黄微焦时关火捞出，放一旁控油。

5 锅中留少许底油，下入蒜片，大火快速爆香。

6 然后下入控好油的肋排，中火翻炒几下后加入冰糖和生抽。

7 锅内倒入刚刚没过肋排的温水，再放入一半的香醋和姜片，大火煮沸后转小火，焖煮20分钟。

8 等锅内水分差不多收干时，再淋入剩下的香醋并加盐调味，翻炒几下就可以出锅啦。

🍳 烹饪秘籍

香醋容易挥发，所以不宜一次性全部放入，要留一部分最后放。

这是一道无须多言的菜肴，光是看到"糖醋排骨"这四个字都会生出口水吧。焖煮过的排骨酥软入味，用筷子一拨就可以脱骨，整块瘦肉在嘴里咀嚼，混着酸酸甜甜的汤汁，别提多美味了！各位，在下先吃为敬。

酱油
/ 万能调料 /

日常都会遇到哪些酱油？

　　按酿造方法来分，酱油可分为生抽、老抽。

　　按形态来分，酱油可分为液体酱油、固态酱油、粉末酱油等。

　　按功能来分，酱油可分为深色酱油、红酱油、浅色酱油、风味酱油等。

　　按用途来分，酱油可分为儿童酱油、红烧香油、低钠酱油、蒸鱼豉油、味极鲜酱油等。

饮食中酱油的作用

　　酱油是以大豆、小麦等原料，经过原料预处理、制曲、发酵、浸出淋油及加热配制等工艺生产出来的调味品，营养极其丰富，主要营养成分包括氨基酸、可溶性蛋白质、糖类、酸类等。氨基酸是酱油中最重要的营养成分；酱油中还含有丰富的抗氧化成分，可以消除自由基，因此有防癌抗癌的功效；酱油中的还原糖也是参与人体内多重细胞生命活动的重要成分。此外，酱油中的盐、钙、铁等元素也为人体的生命活动提供源源不断的支持。由此可见，酱油味道良好、营养也丰富，适用于千家万户。

　　但是作为调味品，酱油的食用量也是需要限制的，酱油中含有丰富的钠元素，在使用酱油的同时就要控制盐的用量；由于酿造酱油的原料大多为大豆，所以痛风患者应减少使用，以免大豆中的嘌呤加重病情；此外，酱油中也含有丰富的鲜味物质，因此在使用酱油时可以减少味精等调味品的使用。

酱油与烹饪的关系

　　酱油是每家每户都必不可少的调味品。在红烧或卤制菜肴时，酱油可起到增色作用，因为黄豆在酿造过程中产生的氨基酸会和糖类发生美拉德反应，产生黑色素，使成品显出红润明亮的色泽；酱油在酿造过程中会产生部分钠盐，可以起到定味增咸的作用；除了产生钠盐，还会产生很多香味物质，比如味极鲜酱油就比普通酱油多了些鲜味物质，它的鲜味物质能在遇到不同的食材时发生不同的反应，产生不同的香味，为菜肴带来更加丰富的口感；酱油还具有除腥解腻的作用，比如豉油，它是介于生抽和老抽之间的一种酱油，是广东风味的酱油，其色泽鲜亮，不像老抽的颜色那么黑，也不像生抽的颜色那么淡，而且味道偏甜，一般在提前腌制或者烹饪过程中加入，可与食材中的腥膻物质发生反应，去除怪味。酱油以其独特的色泽和调和百味的特点成为深受大众喜爱的调味品。

红烧带鱼

⏰ 40分钟 | 🍴 简单

主料

带鱼500克

辅料

盐1茶匙 | 料酒2汤匙 | 面粉50克 | 蛋清1个
花生油500毫升 | 姜片、蒜片、葱段各15克 | 冰
糖3克 | 醋2汤匙 | 生抽1汤匙 | 老抽1汤匙

🧂 调味技巧

红烧风味的菜肴除了色泽红亮之外，微微酸甜的口感更能刺激人的食欲，在生抽老抽的双重镇守之下，仍然透露着糖和醋的俏皮，使得整道菜的味道浑然天成。

生抽　　老抽

做法

1 带鱼洗净，去掉鱼头、鱼鳍、鱼尾、内脏和腹内黑膜，再次冲洗干净后切成段。

2 将带鱼控干水分，加入盐、料酒和姜片，搅拌均匀后腌制20分钟去腥。

3 起炒锅，锅内倒入花生油，烧至五成热；并准备适量面粉倒于干燥平盘中备用；蛋清打散成蛋液。

4 将带鱼先蘸一层蛋液，再两面蘸上面粉，入油锅，中火炸至两面金黄，捞出控油。

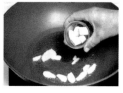

5 锅内留少许油，放入姜片、蒜片和葱段，大火爆香。

6 放入炸好的带鱼和冰糖，继续大火翻炒。

7 向锅内倒入清水、醋、生抽和老抽，水量不需要没过食材，大火煮沸。

8 沸腾后转中火，直至汤汁收干即可。

烹饪秘籍

鱼肉比较软嫩，烹饪时容易散，所以要提前炸制定形，而且外面的面壳也可以锁住鱼肉内部的水分，保证最佳口感。

为了不让人觉得自己是厨房新手，最好学几道看起来很高难度但其实制作简单的拿手菜，红烧带鱼绝对是可以镇得住场面的一道菜。酱红油亮的色泽冲击视觉，微酸咸鲜的口味震撼味觉，一端出来便可赢得一片叫好。

一般用来制作清新口味菜肴的春笋这次却走了"重金属朋克风"。不论是颜色还是味道，都颠覆以往人们对春笋的定位，酱香、微甜、重油的油焖笋带来了新的味觉体验，细细一品，竟然可以尝出肉的味道。

别样味道
油焖笋

⏱ 15分钟　　🍴 简单

主料

春笋500克

辅料

花生油2汤匙 ｜ 生抽1汤匙

老抽1/2汤匙 ｜ 白糖2茶匙

盐1/2茶匙 ｜ 小葱碎5克

🧂 调味技巧

春笋是一种神奇的食物，不放酱油的时候是小清新，加了酱油之后就变得像肉一样，越吃越好吃。

老抽　生抽

做法

1 剥去春笋外层的皮，切掉较老的根部，洗净后切滚刀块。

2 烧一锅开水，水沸后下入春笋，焯水1分钟后捞出，控干水分。

3 炒锅烧热后倒入花生油，待油温烧至五成热时下入春笋，大火翻炒几下。

4 向锅内倒入生抽、老抽和白糖，翻炒均匀。

5 然后加入适量清水，无须没过食材，开大火煮沸。

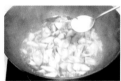

6 煮沸后转中火，不断翻炒至收汁，最后用盐调味，以小葱碎装饰即可。

烹饪秘籍

笋块不容易熟，所以要先焯一下水，同时焯水也可以去掉笋子的土腥味，保留春笋最鲜美的味道。

吃不腻的家常菜
蒜薹炒肉丝

⏱ 10分钟　│　☐ 简单

主料

蒜薹400克│猪肉100克

辅料

花生油1汤匙│姜丝3克

生抽2茶匙│盐1/2茶匙

这是一道会出现在每个家庭餐桌上的菜，这足以证明它的受欢迎程度。蒜薹切段、肉丝尽量切细，随便什么顺序，加一点生抽调味就很好吃了。

🧂 **调味技巧**

蒜薹和猪肉都是很简单的食材，融合它们味道的调味料就是生抽了，生抽的加入使得它们在不失本味的同时又增色不少。

做法

1 猪肉洗净，切成比蒜薹稍细一点的肉丝备用。

2 蒜薹掐头去尾，冲洗干净，切成5厘米长的段。

3 烧一锅热水，下入蒜薹稍微焯烫一下，断生后捞出，控干水分备用。

4 炒锅烧热，倒入花生油，下入姜丝煸炒出香味。

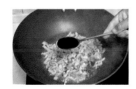

5 下入肉丝，快速翻炒至肉丝变色，倒入生抽翻炒。

6 放入蒜薹和一点水，大火翻炒均匀，待蒜薹稍软时关火，加盐调味即可。

烹饪秘籍

选择猪肉时，可以选择带一点肥肉的，前期把猪油炒出来，这样做出的菜看味道更香。

下饭神菜

虎皮尖椒

⏰ 15分钟 | 🍲 简单

主料

青椒5个

辅料

豆豉5克 | 生抽2汤匙 | 白砂糖1汤匙

花生油1汤匙 | 蒜末10克 | 盐1/2茶匙

🧂 调味技巧

作为万能调料的生抽可以说在每道菜中的表现都毫不逊色，它既能配合其他调味料增添菜肴风味，也能作为主要调味料撑起整道菜的基调。

做法

1 青椒洗净，去蒂，用勺子挖去子，过程中不要破坏整个青椒的形状。

2 将豆豉剁碎，越碎越好，这样更容易炒香。

3 取一小碗，碗内倒入生抽和白砂糖，搅拌均匀备用。

4 平底锅烧热后倒花生油，油量可以铺满整个锅底。

5 待油温烧至八成热时，放入青椒，中小火煎至青椒逐渐变软、两面均有虎皮纹出现，即可盛出。

6 直接把豆豉和蒜末放入煎过青椒的锅中，小火慢慢炒香。

7 放入煎好的青椒，倒入小碗中调好的料汁，中火翻炒2分钟。

8 待青椒表面上色后，加盐调味，即可关火出锅。

烹饪秘籍

选择青椒时，最好选择身形笔直的青椒，这样更容易煎制，摆盘也更加美观。

问世间何物最为下饭？当属各路辣椒好汉。青椒的神奇之处在于用油炸过之后，表面的薄皮会与肉质分离并变色，形成了独特的"虎皮纹路"，这也是这道菜名字的由来。下饭的尖椒和百搭的生抽一结合，小心米饭不够吃哦。

焖出来的美味

扁豆焖面

⏰ 60分钟 | 🍴 简单

主料

扁豆300克 | 猪五花肉100克 | 鲜面条400克

辅料

花生油1汤匙 | 大蒜6瓣 | 料酒2茶匙

生抽1汤匙 | 老抽1茶匙 | 盐1茶匙

🧂 调味技巧

在很多时候，生抽可以代替盐来增添咸味，也可以代替鸡粉来增添鲜味，一道简单得不能再简单的焖面，就要用简单却不平凡的调味料来为其增味，这当然非生抽莫属。

做法

1 扁豆洗净，去两头和侧面豆筋，掰成小段；蒜去皮后洗净，一半切片，一半切末。

2 五花肉冲洗干净后切薄片，加料酒和一点生抽抓匀，腌制15分钟。

3 起炒锅，锅热后加入花生油，下蒜片炒香，然后放入腌好的肉片。

4 中火煸炒出猪油，直至猪肉表面微焦时，向锅内倒入老抽和生抽，翻炒使其均匀上色。

5 下入扁豆，大火炒至颜色碧绿后，加入没过食材的开水，盖上锅盖，大火焖3分钟。

6 开盖，将鲜面条铺在扁豆上，盖上锅盖，中火继续焖5分钟。

7 5分钟后加盐调味，并轻轻地将面条和扁豆拌匀。

8 继续盖上锅盖，小火焖5分钟，待汤汁收干后关火盛出，撒上蒜末就可以吃啦。

🍳 烹饪秘籍

焖面的过程中可以用筷子翻开面条看一下锅内剩余的汤量，如果没有汤汁了但面条还没熟，要及时沿着锅边加些开水，以免煳锅。

自己做的扁豆焖面，再也不用担心老板不给多放一点扁豆了。油煸炒过的五花肉冒出肥油，再用猪油将扁豆炒香，最后把面条往上一铺，层层叠叠的香气源自锅底，盘旋上升，最终锁定在面里，好一碗实惠又好吃的焖面。

记得中国版《深夜食堂》中"红烧肉"那集，格外□人，故事情节好，演员演技在线，红烧肉好看□□□□一碗简简单单的红烧肉，不只能满足味蕾上的享受，对精神的补给能力也是毋庸置疑的。□一块肉都有记忆中的味道，每一道红烧肉都有自己的故事。

一道有故事的菜
红烧肉

⏱ 80分钟 ｜ 🏠 简单

主料
猪五花肉400克

辅料
料酒3汤匙 ｜ 姜片15克
花生油1汤匙 ｜ 冰糖20克
红烧酱油2汤匙 ｜ 盐1/2茶匙

🧂 调味技巧

让红烧肉上色的方法有很多，比如炒糖色、用腐乳等，对很多烹饪小白来说，以上两种方法还是略有难度的，最简单也最快捷的方法就是用红烧酱油，一勺下去，肉色红亮诱人，人人都可变大厨。

做法

1　整块五花肉洗净后冷水下锅，锅内放1/3的姜片和料酒，大火煮沸后转中火，肉整体变白后捞出。

2　修整五花肉的边角，然后切成麻将块大小的方方正正的肉块。

3　炒锅烧热，倒入花生油，再下入1/3的姜片和冰糖，小火慢慢将冰糖炒至焦糖色，姜炒出香味。

4　将五花肉块下入锅中，马上翻炒，使冰糖裹在肉块上。

5　向锅内倒入与肉块齐平的热水，再加入料酒、红烧酱油和剩余1/3的姜片，大火煮沸。

6　水沸腾后转小火，慢炖1小时后转大火收汁，加盐调味即可。

烹饪秘籍

先将五花肉煮半熟再切是为了让五花肉的形状更加规整，如在纯生肉的状态下烹制，一受热，肉会收缩，做出来的红烧肉就没有那么美观了。

"刺啦"一声，香气四溢

响油芦笋

🕐 10分钟 | 🍴 简单

这种在做好的菜上面淋热油的做法似乎是对烹饪有一定了解的人才会使用的烹饪方法。当热油浇在食物上，"刺啦"一声，用油的温度进行最后一次短暂的加热，并且将香味激发出来。闭上眼睛、大口吸气，闻到空气中散布的香气，就是对自己最好的奖赏。

主料

芦笋400克

辅料

大蒜4瓣 | 蒸鱼豉油1汤匙

盐1/2荼匙 | 花生油1汤匙 | 花椒?克

🧂 调味技巧

蒸鱼豉油可不是只能用来做鱼哦，搭配味道鲜美的芦笋也让人垂涎三尺呢。

做法

1 芦笋切掉老根，洗净；大蒜去皮、洗净，切成蒜末。

2 煮锅烧水，锅内放几滴油，水沸后将芦笋整棵放入，焯烫成熟变色后捞出，放入凉白开中冷却。

3 芦笋冷却后捞出，控干水分，码放整齐，切成5厘米长的段，移入盘中。

4 将蒜末撒在芦笋上，并淋上蒸鱼豉油，撒盐备用。

5 炒锅烧热，倒入花生油，下花椒，小火慢慢煸炒出香味后捞出花椒丢弃，转中火把油烧热。

6 关火，将热油泼在摆好盘的芦笋上，一道响油芦笋就做好了。

烹饪秘籍

焯烫时锅内加入少许油会让芦笋保持翠绿的色泽，焯好后过凉水是为了保证清脆的口感。

蒸蒸日上
清蒸鱼

⏱ 20分钟 | 🍲 简单

主料
武昌鱼1条

辅料
葱白20厘米 | 姜丝10克 | 青红椒丝5克
蒸鱼豉油1汤匙 | 花生油1汤匙

✂ **调味技巧**

提鲜的调味料有很多，但是蒸鱼用的只有蒸鱼豉油，因为相比之下，蒸鱼豉油的咸度和鲜度都柔和得刚刚好。

做法

1 将武昌鱼掏腹清膛，抠去鱼鳃，抽掉鱼线，冲洗干净。

2 为了更好入味，在武昌鱼两面分别划上三条平行斜刀。

3 切出12厘米长的葱白，纵向剖开，然后切三段，摆在蒸鱼盘中；剩下的切细丝。

4 将姜丝塞入鱼的腹腔和刀口处，把鱼放在铺好的葱白上。

5 取一蒸锅，烧开水，水沸后将鱼盘放在蒸屉中，大火蒸8分钟。

6 蒸好后将姜丝拣出丢弃，再把鱼盘中的汤汁倒掉。

7 在鱼身上铺上葱丝和青红椒丝，并均匀淋上蒸鱼豉油。

8 炒锅烧热油，油热后浇在鱼身的葱丝上即可。

烹饪秘籍

蒸鱼豉油要在鱼蒸好后再淋，如果蒸鱼之前淋，鱼肉蒸出来颜色会很难看。

对每个爱吃鱼的人来说，评价一道蒸鱼的好坏标准就是鱼是否刺少，再有就是调味汁的配比是否合适。"蒸鱼豉油"简直就是为了清蒸鱼而诞生的，不论是鲜味、咸味还是香味都拿捏得恰到好处，它是整道菜的点睛之笔。

像虾这种除了鲜还是鲜的食材，没有其他奇奇怪怪的味道，最适合用来白灼了。喜欢本味的可以直接吃，觉得过于清淡的可以蘸料汁。料汁的味道也不会喧宾夺主，仅起锦上添花的作用，虾还是清白的，不过更有韵味。

"虾生"在世，清白二字
白灼虾

⏱ 10分钟 | 白 简单

主料
鲜虾300克

辅料
姜15克 | 葱白10克 | 料酒2汤匙
薄盐酱油2汤匙 | 白糖1/2茶匙
香油1茶匙

🧂 调味技巧

白灼的菜一般都是靠蘸料加味的，我们选择钠含量低的酱油，低钠就意味着咸味也会比普通酱油的咸味淡一点，用它来蘸白灼虾再合适不过了。

烹饪秘籍

去除虾线时，可以不用再从虾背处开刀取虾线，我们可以用牙签从虾背的第二节连接处插入，就可以挑出虾线了。

做法

1 处理虾时，要将虾须、虾头前刺和虾线全部去掉，然后用流水冲洗干净。

2 葱姜洗净，葱白斜切大片；姜去皮，一半切片，一半切细丝。

3 煮锅内加半锅水，放入葱白片、姜片和料酒，盖上锅盖，大火煮沸。

4 水沸腾后将虾倒入锅中，用漏勺推动几下，待水再次沸腾后开盖煮1分钟，关火。

5 用漏勺将虾捞出，放入装有凉开水的盆中冷却，以保持虾肉弹嫩的口感。

6 取一小碗，碗内放薄盐酱油、姜丝、白糖和香油，搅拌均匀。

7 待虾彻底冷却后用漏勺捞出，控干水分，装盘，蘸着调好的蘸料吃就可以了。

忍不住多吃两口

炝炒娃娃菜

⏱ 10分钟 | 🍳 简单

娃娃菜是老少皆宜的食材，可爱的名字、嫩黄的色泽也特别招人喜欢。炒制时烹一圈美极鲜入锅，锅的热度将美极鲜的香气发挥得淋漓尽致，香气渗入娃娃菜中，配着点点小米辣，微辣鲜香的味道令人忍不住多吃两口。

主料

娃娃菜350克 | 小米辣10克

辅料

花生油2茶匙 | 姜丝3克

美极鲜2茶匙 | 盐1/2茶匙

🧂 调味技巧

简单又清爽的娃娃菜除了可以用高汤来煮之外，搭配性格泼辣、敢爱敢恨的"小辣椒"也很招人喜欢哦。

做法

1 娃娃菜冲洗干净，纵向一切为四，斜刀切去硬心，将娃娃菜切大块，菜梗和菜叶分开放。

2 小米辣洗净、去蒂，切辣椒圈。

3 取一炒锅，锅热后放花生油，然后放入姜丝和小米辣炒香。

4 先将菜梗放入锅内，中火翻炒至稍稍发软后，沿锅边淋入美极鲜，迅速翻炒均匀。

5 将菜叶放入，开大火翻炒。

6 看到菜叶也变软成熟后，加入盐搅拌均匀，即可关火出锅。

烹饪秘籍

烹制过程中可淋入少许清水，防止美极鲜烧焦留下怪味。

一道温柔的菜

荠菜冬笋炒年糕

⏰ 10分钟 | 🍲 简单

主料
切片年糕200克 | 冬笋150克 | 荠菜100克

辅料
花生油1/2汤匙 | 姜末5克 | 蒜末5克

鲜味酱油1/2汤匙 | 盐1茶匙

🧂 调味技巧

荠菜本身具有特殊的野菜的香味，冬笋和年糕具有各自不同的诱人口感，调味无须复杂，来一点提鲜的鲜味酱油就可以了。

做法

1 荠菜择去烂叶，去根，洗净控干后，切碎末；冬笋洗净后切薄片。

2 年糕冲洗干净，将连接的地方掰开，掰成一片一片的。

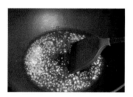

3 取一炒锅，锅热后倒花生油，油温五成热时下入姜末和蒜末，大火爆香。

4 放入荠菜碎，大火不断翻炒至软塌。

5 下入冬笋，大火翻炒至荠菜碎完全包裹冬笋。

6 向锅内淋入鲜味酱油，继续翻炒1分钟，使荠菜和冬笋均匀裹上酱油。

7 转中火，下入年糕，中小火翻炒至年糕变软。

8 待年糕完全变软后，关火，加盐调味，翻动均匀即可。

烹饪秘籍

在炒年糕时，年糕可能会比较硬，不容易成熟，可以在烹制过程中加一点水，盖上锅盖焖一下，这样年糕比较容易成熟。

　　大片雪白的年糕和冬笋上挂着些细碎的荠菜，白绿搭配的颜色让人心生爱意。松脆的冬笋和微微弹牙的年糕，搭配在一起有奇妙的口感，仔细品味一下，既有荠菜的清香，还有一点酱油的鲜美。不得不说，酱油提升了整道菜的味觉基调，是这道菜的灵魂调味料。

无人可以抗拒
梅菜扣肉

⏰ 180分钟 | 🍴 复杂

主料
带皮五花肉350克 | 梅干菜150克

辅料
姜片4片 | 老抽2茶匙 | 料酒2茶匙 | 生抽1汤匙
盐1茶匙 | 花生油2汤匙 | 冰糖15克 | 白糖1茶匙

调味技巧
老抽是上色的关键，糖是整道菜提鲜的灵魂，二者缺一不可。

做法

1 取一煮锅，锅中放姜片，整块的五花肉洗净后冷水下锅，焯烫至变色捞出；梅干菜洗净后放入清水中泡开。

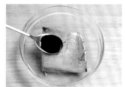

2 取一小碗，将老抽、料酒、1茶匙生抽和盐放入调匀，均匀地抹在五花肉上，腌制1小时。

3 1小时后，取一炒锅，锅中倒油烧至五成热，放入冰糖，小火慢慢炒出焦糖色。

4 将腌好的五花肉皮面向下放入锅中，小火慢煎，并不断舀起油糖汁浇在肉上，直到将整块肉都煎成焦黄色，盛出放凉。

5 待温度可以用手碰的时候，切成约0.5厘米厚的片，皮面向下码入大碗中。

6 此时梅干菜已泡好，挤去水分；取一炒锅，锅热后放油，下入梅干菜，将梅干菜炒散，倒入白糖和剩余生抽调味后盛出。

7 将炒好的梅干菜塞到肉片中，一片肉一层梅干菜，最后剩下的梅干菜放在最上面，压实，与碗口齐平。

8 蒸锅内烧水，将装满梅干菜和肉的碗放入蒸屉中，中火蒸1小时或者更久。

9 蒸好后关火，再在锅内闷10分钟取出，注意要戴手套，防止烫伤。

10 取一平盘，将平盘扣在碗上，双手压紧，将大碗和平盘倒置，然后取下大碗，梅菜扣肉就做好了。

烹饪秘籍

蒸好后一定不要马上打开锅盖，闷5~10分钟再出锅，这样会更加醇香。

别小看这一盘倒扣着的红得发黑的肉肉，它可是无人可以抗拒的梅菜扣肉！外层五花肉肥而不腻，内含梅干菜咸香四溢。老抽可是上色不上味的一把好手，让白花花的五花肉一下子看起来"成熟"了很多，味道更是没得说。

蚝油
/ 至鲜至美 /

蚝油是什么？

  蚝油最先是在广东地区发展起来的，是用牡蛎（广东称"蚝"）经煮熟、取汁、浓缩，加辅料精制而成的调味料。蚝油味道鲜美、蚝香浓郁，黏稠适度，营养价值高，亦是配制蚝油鲜菇牛肉、蚝油青菜、蚝油粉面等传统粤菜的主要配料。名品有海天蚝油、味皇鲜上等蚝油、三井蚝油、沙井蚝油、李锦记蚝油等。

饮食中蚝油的作用

  蚝油的营养价值之高，表现为其含有丰富的微量元素和多种氨基酸，尤其是其中含丰富的锌元素，是缺锌人士的首选膳食调料；并且蚝油富含牛磺酸，具有增强人体免疫力等多种保健功能。

  在烹饪时，蚝油单次不宜多放，以不超过5毫升为宜，因为蚝油本身是浓缩过的，鲜味已经很足了。

蚝油与烹饪的关系

  蚝油适合多种烹调方法，既可以直接作为蘸料来搭配涮海鲜、佐餐、拌面，也可用于焖、扒、烧、炒、熘等制作各种食材，如肉类、蔬菜、豆制品、菌类等，还可用于凉拌及调制肉类馅料。
但是蚝油切忌和辛辣调味品一起用，不然会导致
蚝油的鲜味无法显现出来；此外，用过蚝油之后
也不宜再放白糖和味精等其他提鲜调味品了。

用蒜蓉、上汤和蚝油烧制出的生菜，味道各有千秋，话说蚝油可真是万能调料，又鲜又咸，随便炒点什么都很好吃呢。

简单又经典
蚝油生菜

⏰ 5分钟 ｜ 🍴 简单

主料
生菜400克

辅料
花生油1茶匙 ｜ 姜丝3克
蚝油2茶匙 ｜ 盐1/2茶匙

🧂 调味技巧

蚝油是非常提鲜的调味料，炒生菜时加一点蚝油就非常好吃了。

做法

1 生菜洗净，撕成稍小一点的片，控干水分备用。

2 炒锅烧热，倒花生油，中火炒香姜丝。

3 向锅内倒入蚝油，翻炒出香味。

4 下入生菜，翻炒几下，看到生菜稍微变软、颜色变深之后关火，加盐调味即可。

烹饪秘籍

生菜生着也可以吃，所以不需要将生菜炒至全熟，夹生微脆的口感刚刚好。

别样的鲜嫩
蚝油牛肉

⏱ 35分钟 | 🏷 简单

不是所有的鲜都来自菌菇和海鲜，也不是所有的嫩都代指蒸蛋和豆腐。这道蚝油牛肉可以打破你对鲜美的传统认知，小苏打保证了肉质绝对的细嫩，蚝油的加入使得整道菜分外鲜香。谁能不爱呢？

主料
牛里脊肉450克

辅料
小苏打2茶匙 | 蚝油1茶匙
料酒1汤匙 | 牛抽2茶匙 | 淀粉5克
花生油2茶匙 | 姜丝8克 | 盐1/2茶匙

🧂 调味技巧

牛里脊比较嫩，容易成熟，所以将调料提前混合好再一起倒入比较不容易把肉炒老，而且味道会更加均匀。

做法

1 牛里脊肉洗净后切约3毫米厚的片，放在碗中，加小苏打抓匀，静置10分钟。

2 10分钟后冲洗牛肉，用少量蚝油和料酒腌制20分钟，去腥且入味。

3 取一小碗，碗内放少许清水，加入剩下的蚝油，再放入生抽和淀粉，调成调味汁。

4 炒锅烧热，倒花生油，油烧至五成热时下入姜丝炒香。

5 下入牛肉，翻炒几下，然后烹入一圈料酒，大火翻炒。

6 肉变色后倒入调味汁，翻炒至汤汁黏稠，撒盐出锅即可。

烹饪秘籍

牛肉用小苏打处理会使肉片更加滑嫩。

味精
╱ 提鲜增香 ╱

日常都会遇到哪些鲜味剂？

在日常生活中，味精、鸡精、鸡粉、鸡汁都是我们常见的提鲜增香类调味料。只不过一代比一代更加倾向于天然健康。

饮食中鲜味剂的作用

鸡粉、鸡精都属于味精，主要成分都是谷氨酸钠。鸡精相较于味精添加了盐等成分，主要作用在提鲜；鸡粉相较于鸡精添加了大量鸡肉成分，主要作用在于增香；鸡汁是最新一代的鲜味剂，是以磨碎的鸡肉或鸡骨，或其浓缩抽取物以及其他辅料等为原料，再适量增加一些增香剂制作而成的液态鲜味剂。传统鲜味剂中的谷氨酸钠在人体代谢的过程中会与血液中的锌结合，如果过量摄入会导致体内缺锌，因此对于哺乳期的妇女、婴幼儿来说应该尽量少吃或不吃。老人和儿童也不宜多食。高血压患者若食用谷氨酸钠过多，会使血压更高，可以选择鸡汁为特殊人群使用。

鲜味剂与烹饪的关系

烹饪时，在食材本身不含鲜味物质的菜肴中需要使用鲜味剂以提鲜。使用鲜味剂时应注意以下问题：不可持续高温加热，长时间的高温会使谷氨酸钠变成焦谷氨酸钠，这是有毒性的物质，会对身体造成危害，因此鲜味剂在出锅前加即可；使用鲜味剂时要注意，在弱酸环境下鲜味最强，越酸鲜味越淡，碱性环境下鲜味消失；如果菜肴有勾芡需要，应在勾芡前加入鲜味剂。

🧂 莴笋的水分很足,我最喜欢将它切成细丝炒着吃,鲜嫩翠绿的一盘,看着就有食欲,嚼起来脆生生的,少放一点盐和鸡精调味提鲜就很好吃了。

脆生生

清炒莴笋丝

⏰ 7分钟 | 🍽 简单

主料
莴笋500克

辅料
姜丝5克 | 花生油1茶匙 | 鸡精2克
盐1/2茶匙

🧂 调味技巧

在烹调清新爽口的莴笋时,最好加一点不会影响菜品颜色的鸡精提鲜,保持食材最本身的颜色会让人食欲大增哦。

做法

1 莴笋洗净,用去皮刀刮去表面硬皮,再次冲洗。

2 先斜着切成薄片,然后再切细丝。

3 取一炒锅,锅热后倒花生油,油温五成热时下入姜丝,煸炒出香味。

4 姜丝爆香后下入莴笋丝,快速翻动使莴笋均匀裹满热油。

5 倒入鸡精,翻炒均匀使鸡精融化。

6 翻炒1分钟后,放入盐调味,即可出锅。

烹饪秘籍

没有什么特别的技巧,想要整道菜看起来更高级的办法就是将莴笋丝切得粗细均匀,长短一致。

三十个不嫌多
韭菜鲜肉饺子

⏱ 50分钟 ｜ 🍴 简单

主料
猪肉末200克 ｜ 韭菜300克
面粉500克

辅料
浓缩鸡汁1/2茶匙 ｜ 生抽2茶匙
鸡蛋1个 ｜ 香油1汤匙
花椒粉1茶匙 ｜ 盐3茶匙

🧂 调味技巧

韭菜作为一种挥发性气味极强的蔬菜，在饺子馅中占有重要的地位，搭配鲜肉可提升香味，再来几滴提鲜的鸡汁和香油，简直让人欲罢不能。

 浓缩鸡汁　 香油

在北方，过年时候总要吃一顿团圆饺子来慰劳一整年的辛苦。一家人齐动手，和面、调馅、擀皮、下锅，整个过程半小时搞定，蘸着香醋、就着大蒜，聊着一年以来的酸甜苦辣，所有的团圆和欢笑都融在每一个圆滚滚的饺子里了。

做法

1　猪肉末中倒入浓缩鸡汁和生抽，顺时针方向搅打上劲，静置腌制20分钟。

2　面盆中放面粉，磕入一个鸡蛋，分次加水，不断搅拌成絮状后再揉成稍硬的面团，在面团上覆盖一块干净的湿布，醒制15分钟。

3　韭菜择去烂叶，洗净，控干水分，在案板上码好，切碎。

4　将切好的韭菜放入肉馅中，再加入香油、花椒粉和盐，顺时针搅拌均匀。

5　取出醒好的面团，揉搓成条，用刀切成剂子，擀皮，包成饺子。

6　煮锅内烧水，水中放一点盐，水沸后下饺子，再次沸腾后加入少量凉水，如此重复两次，饺子就熟了。

🍲 烹饪秘籍

肉馅中放入韭菜后就不要过度搅拌了，否则韭菜容易析出汁水。

至鲜至美

荠菜豆腐羹

⏰ 30分钟 | 🍴 中等

主料

荠菜150克 | 内酯豆腐200克 | 猪里脊80克

泡发香菇30克

辅料

淀粉3茶匙 | 黄酒1茶匙 | 香油1茶匙

姜丝2克 | 鸡粉2克 | 盐1/2茶匙

🧂 **调味技巧**

汤羹类的菜肴要想做得比较快手，可以直接加鸡粉提鲜，省去了熬高汤的麻烦。

做法

1 猪里脊洗净后切细丝，放在小碗中，加1茶匙淀粉和黄酒抓匀，腌制15分钟。

2 荠菜择去黄叶，去根洗净，切碎；香菇洗净，切丝备用；剩余淀粉加水调成水淀粉。

3 内酯豆腐切成3厘米长细丝，在清水中浸泡淘洗3次。

4 取一炒锅，锅内放香油，炒香姜丝和香菇丝。

5 倒入500毫升清水，大火煮沸，煮沸后下入肉丝，用筷子快速搅散。

6 水再次沸腾后，轻轻下入豆腐丝，在锅中推动，使其分散开来。

7 水沸后分次加入水淀粉，再次沸腾后放荠菜碎。

8 待荠菜颜色变深之后关火，加鸡粉和盐调味即可。

烹饪秘籍

如果不喜欢内酯豆腐的味道，可以多浸泡换水几次，或者直接用热水焯一遍，这样就会去掉绝大部分的豆腥味了。

荠菜具有独特的香气，做羹汤或做馅料都是非常经典的。馋它的时候，用荠菜、豆腐、肉丝和小配菜，30分钟就可以最好一碗香气四溢的荠菜豆腐羹。食材简单，但味道却不会因此而显得苍白，没有高汤时加一点鸡粉也可以达到至鲜至美的效果。

料酒

/增香去腥膻/

料酒是什么？

　　"料酒"是烹饪用酒的称呼，添加黄酒、花雕酿制，其酒精浓度低，含量在15%以下，而酯类含量高，富含氨基酸。黄酒是在料酒出现之前在烹饪中广泛使用的一种酒类，其酒精浓度比料酒高，在30%左右。

饮食中料酒的作用

　　料酒富含人体需要的8种氨基酸，如亮氨酸、异亮氨酸、蛋氨酸、苯丙氨酸、苏氨酸，它们在被加热时，可以产生多种果香、花香和烤面包的味道。它们可以产生大脑神经传递物质，改善睡眠，有助于人体脂肪酸的合成，对儿童的身体发育也有好处。料酒中的氨基酸在烹调中能与食盐结合，生成氨基酸钠盐，从使鱼、肉的滋味变得更加鲜美。

　　注意在烹调菜肴时不要放得过多，以免料酒味道太重而影响菜肴本身的滋味。

料酒与烹饪的关系

　　料酒的作用主要是去除鱼、肉类的腥膻味，增加菜肴的香气，有利于咸甜各味充分渗入菜肴中。烹饪时，鱼、虾、蟹中有腥味的胺类物质会融在料酒的酒精中，随着后面的加热，随酒精一起挥发掉，达到去腥的目的；料酒中的氨基酸还能与调料中的糖形成一种诱人的香气，使菜肴香味浓郁；料酒中所含的酯类也有香气，所以烹调中加入料酒，能使菜肴除去异味且香味大增；料酒中还含有多种维生素和微量元素，能使菜肴的营养

更加丰富；在烹饪肉、禽、蛋等菜肴时，料酒能渗透到食物组织内部，溶解微量的有机物质，从而使菜肴质地松嫩。

　　需要提前腌制去味的食材可以用黄酒腌制，黄酒的酒精含量高，能更快地溶解腥味物质，并在后面的加热环节更快挥发，适合急火快炒的菜肴。

喝完就变美美的
香菇花生煲猪脚

⏰ 140分钟 | 🍴 简单

主料

猪脚600克 | 花生仁50克 | 泡发香菇30克

辅料

姜片5克 | 料酒2汤匙 | 盐1茶匙

🧂 调味技巧

像猪脚、筒骨、排骨这类食材，在煲汤时不需要加太多调味料，简单用料酒去腥、盐调味就可以了。

做法

1 猪脚洗净后冷水下锅，加水没过猪脚，锅中放一半姜片和料酒。

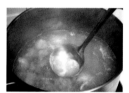

2 大火煮沸后转小火，不断用勺子撇去浮沫，直到不再产生浮沫为止。

3 花生仁和香菇洗净，放入砂锅中，再放入剩余的姜片。

4 将猪脚捞入砂锅中，再把焯猪脚的水倒入砂锅中，没过食材即可。

5 向砂锅内倒入剩下的料酒，开小火慢煲2小时。

6 2小时后，开盖加盐调味即可。

烹饪秘籍

猪脚冷水下锅，加热后就不可以再碰凉水了，因为突然过凉会使猪脚变得筋道，不容易炖烂。

富含胶原蛋白的猪脚不愧是美容达人们的最爱，吃下
一口，仿佛皮肤马上就变得嫩滑有弹性。有功效还要味
道好，才能满足女孩子挑剔的味蕾。就把去除腥味这件
事交给料酒，两勺下去就可以完美解决问题。

东坡肉

⏰ 120分钟 | 🍴 中等

主料

带皮猪五花肉500克 | 油菜心8棵

辅料

葱段5段 | 姜片5片 | 料包（花椒3克、八角2粒

桂皮3克、香叶2片、冰糖10克） 黄酒3汤匙

老抽1汤匙 | 生抽1/2汤匙 | 盐1茶匙

花生油1/2茶匙

🫙 调味技巧

用花椒、八角这样的香料来炖肉时就不需要再用料酒了，因为会使整道菜的"料味"过重，黄酒就可以很好地解决这一点，经过小火慢炖后的黄酒不但去除了肉腥味，仔细品品，还留有淡淡酒香，令人回味无穷。

做法

1 五花肉洗净，切成4厘米见方的肉块。

2 取一砂锅，将葱姜摆在锅底，然后把五花肉皮面向下摆在砂锅中。

3 然后把料包放入砂锅中，再倒入黄酒、老抽和生抽。

4 向锅内加入刚刚没过食材的热水，小火慢炖1.5小时。

5 1.5小时后关火，将肉块转移到小碗中，皮面向上，浇上汤汁。

6 将肉块放入水沸腾的蒸锅里，大火蒸20分钟。

7 煮锅烧开水，放入盐和油，水沸后放入油菜心，焯烫至变色捞出，在圆盘上首尾相连摆一圈。

8 将蒸好的五花肉块端出，一块一块整齐码放在盘中，淋一点汤汁在上面即可。

🍳 烹饪秘籍

炖肉时不要加太多的水，小火慢炖是整道菜的关键，可以让五花肉软烂顺口。

五花肉是一种让人又爱又恨的食材，从古至今，人们真的是绞尽脑汁地尝试着各种烹饪方法来使它呈现出最佳状态。经过无数次失败，终于发现先煮后蒸是使肉质达到最佳状态的方法，再加黄酒去除杂味，入口醇香，回味无穷。

淀粉

厨师的最佳拍档

日常都会遇到哪些淀粉？

按制作原料不同，淀粉可分为谷类淀粉、薯类淀粉、豆类淀粉、其他植物原料淀粉等。

饮食中淀粉的作用

淀粉就是烹饪中的"芡"，它大多是从植物的种子、块茎以及根中提取出来的，富含热量。淀粉进入口腔后会被分解为糖，进入人体后迅速转化成能量，缓解身体疲劳，也能够马上缓解低血糖的症状，但是若一次摄入过多，人体代谢不掉，就会转化成脂肪堆积在体内，所以日常生活中要控制淀粉的摄入。

淀粉与烹饪的关系

一般在烹饪中，淀粉的作用就是挂糊、上浆和勾芡。

挂糊就是在油炸前，在原料上拍干淀粉，由于油炸的温度一般较高，外层淀粉受热后会立即形成一层保护层，隔离原料，这样就可以保持原料内的水分和鲜味，营养成分也会因受保护而不致流失；上浆就是下锅前在原料上挂一层水淀粉，这样也可以在原料入锅受热时尽量保持原料中的水分和鲜味，使菜肴达到滑、嫩、柔、香的特点，并且保持原料的完整性和营养成分；勾芡就是在起锅前加入水淀粉，淀粉遇热会糊化，产生吸水及黏附的特点，从而使菜肴汤汁的粉性和浓度增加，改善菜肴的色泽和味道。

方方正正，尽显阳刚本色

黑椒牛柳粒

⏱ 25分钟 | ▢ 简单

主料

西冷牛肉300克 | 洋葱200克

辅料

料酒1茶匙 | 生抽1/2汤匙

淀粉10克 | 花生油1汤匙

姜丝3克 | 黑椒酱1汤匙 | 盐1/2茶匙

🧂 调味技巧

用淀粉给牛肉上浆，淀粉糊受热会变得焦脆，不仅提升了口感，也可以不让牛肉因吸入太多汤汁而变得很咸。

🧂 一眼看去，方方正正的牛肉粒在盘中，下面铺着刚断生的洋葱，肉上裹着浓郁的黑椒酱。一口下去，酱汁充盈满口，牛肉外壳微硬、里层软嫩。煎牛肉之前将淀粉与牛肉抓匀是关键，淀粉遇油形成焦脆的外壳，能够锁住肉中的水分，所以才会外焦里嫩。

做法

1 西冷牛肉洗净，切成1.5厘米见方的均匀的肉块。

2 将牛肉放入碗中，加入料酒、生抽和淀粉抓匀，静置15分钟。

3 洋葱去皮，洗净，切与牛肉大小相同的块，然后把每一层都掰开备用。

4 取一炒锅，锅烧热后倒油，油温七成热时下入牛肉，大火翻炒至表面成熟变色，盛出。

5 锅留底油，油热后下入姜丝和洋葱炒香，再放入一半黑椒酱翻炒几下。

6 最后放入牛肉和另一半黑椒酱，加盐翻炒均匀即可。

🍳 烹饪秘籍

用淀粉将牛肉表面包裹，烹制时热油下锅，这样操作可以锁住牛肉内部的水分，保持牛肉软嫩的口感。

酸酸甜甜，嘎嘣脆
锅包肉

🕐 35分钟 | ⊟ 复杂

主料
猪里脊300克 | 胡萝卜30克 | 香菜30克

辅料
盐1/2茶匙 | 料酒1汤匙 | 蛋清1个 | 淀粉30克
花生油500毫升 | 白糖20克 | 醋1汤匙 | 蒜末10克

/ 🧂 调味技巧 /

蛋清和淀粉在肉的表面可以使整道菜的
口感更加酥脆，同时又可以保证脆脆
的外壳里面是软嫩的肉肉，搭配酸甜
口味的糖醋汁，简直不要太好吃。

做法

1 里脊肉洗净，切成4毫米厚、3厘米见方的片，加入盐和料酒抓匀，腌制15分钟。

2 胡萝卜洗净、去皮后切成5厘米长细丝；香菜择去黄叶，去根、洗净，切成5厘米长的段。

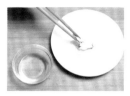

3 将蛋清放在碗中，淀粉放在平盘中，肉片先蘸蛋清，再裹淀粉，裹好后放在一旁。

4 油锅烧热，待油温烧至六成热时，转中火，将肉片逐片放入锅中炸制，并及时翻面。

5 待肉片浮起，外壳定形后捞出，放一旁控油。

6 将锅中油渣和淀粉渣捞出，将油温烧至八成热。

7 再次将肉片下入锅中，转大火，轻轻推动肉片使其受热均匀，炸约半分钟，看到外表金黄酥脆时捞出，放一旁控油。

8 取一炒锅，锅热后倒油，油微热后放白糖和醋，小火不断搅动至白糖全部融化。

9 然后下入蒜末，转中火炒香，放入炸好的肉片，翻动至酸甜汁裹满肉片。

10 最后放入胡萝卜丝和香菜段，大火翻炒几下出锅即可。

烹饪秘籍

切肉时，要注意切得稍厚一些，这样在炸制过程中不容易变得又干又硬，否则就是在吃"锅包淀粉"了。

东北菜的锅包肉，天天吃都吃不够。智慧的东北人创造了裹淀粉炸再配以酸甜口炒的锅包肉，酥脆的肉片，酸酸甜甜的酱汁，浓油赤酱，色泽金黄，肉片外酥内软，一口下去嘎嘣脆。

牛肉羹

⏱ 30分钟 | 白 中等

主料

牛里脊150克 | 香菜20克 | 鲜香菇30克 | 蛋清2个

辅料

料酒1汤匙 | 姜末3克 | 淀粉10克

白胡椒粉1/2茶匙 | 盐1茶匙 | 香油2毫升

🧂 调味技巧

要想让汤的成品更加好看，一定要多放淀粉，浓浓的芡汁才可以托住所有食材，制造悬浮又和谐的感觉。

做法

1 牛里脊洗净后先切薄片，再切细丝，最后切成小肉丁，粗剁几下。

2 取一碗清水，倒入料酒，把切好的肉末倒入碗中，用筷子搅散。

3 香菇和香菜洗净，分别切成末备用。

4 取一煮锅，锅内烧开水，将牛肉末和浸泡牛肉末的水一起倒入，再下入姜末，焯烫变色后捞出。

5 蛋清在小碗中打散备用；淀粉加水调成水淀粉。

6 煮锅内换新水，再次烧热后下入牛肉末和香菇末。

7 水沸后将之前调好的水淀粉再次搅匀后倒入锅中，勾浓芡。

8 待锅内水微微沸腾时转中火，将蛋清缓缓倒入锅中，并用汤勺推动，形成蛋花。

9 蛋花都成形后关火，加入白胡椒粉和盐调味。

10 最后放入香菜末，淋几滴香油，搅拌均匀就可以了。

烹饪秘籍

牛肉末切好后一定要用水调开，不然焯水时肉一下锅会抱团，整道菜就失败了。

南方爱喝汤羹，牛肉羹是江南地区的传统名菜。羹类的菜品是一定要加大量淀粉的，勾出浓浓的芡汁让食材均匀散布在汤羹里面。牛肉羹香醇润滑、鲜美可口，深受江南乃至全国人民的喜爱。

红油

/ 无辣不欢 /

日常都会遇到哪些红油?

按炸制原料的不同,红油分为香辣红油、麻辣红油、鲜椒红油、五香红油、泡椒红油、豆瓣红油、混合红油、火锅红油等。

饮食中红油的作用

红油都是以辣椒为原料制作而成的,其浓郁的香气和刺激的口味深受大家的喜爱,可以增加饭量,增强体力,改善怕冷、冻伤、血管性头痛等症状。辣椒中含有一种特殊物质,能够加速新陈代谢,促进激素分泌,保护皮肤,延缓衰老;辣椒还富含维生素C,可以预防心脏病及冠状动脉硬化,降低胆固醇;辣椒中含有较多抗氧化物质,可预防癌症及其他慢性疾病;辣椒中的辣椒素可以促使呼吸道畅通,用以辅助治疗咳嗽、感冒,还能杀抑肠道中的寄生虫。

虽然红油有这么多好处,但毕竟是由辣椒提炼的,辣椒是大辛大热之物,上火或患有高血压、肠胃疾病、痔疮等的人群要少吃。

红油与烹饪的关系

爱吃辣的人越来越多了,"无辣不欢"已经成为很多人的标签。的确,在烹饪菜肴时,加入红油确实可以为我们带来新的味觉体验。红油区别于鲜辣椒,它的辣味更加浓郁、融合,让人吃不出具体都有哪些配料,但整体混合的味道又是如此美妙。在很多菜肴中会用到红油,从凉拌菜,如红油鸡丝,到炒素菜,如干煸豆角,再到重口味的毛血旺、麻辣烤鱼,都离不开红油,不同原料制作的红油风味各不相同,总有一款可以满足挑剔的吃货。

大口吃才过瘾
凉拌鸡丝

⏱ 20分钟 | 🍴 简单

主料
去皮鸡胸肉300克

辅料
小葱10克 | 姜片3克 | 料酒2茶匙
红油1茶匙 | 小米辣椒圈3克
酱油1/2茶匙 | 盐1/2茶匙
熟白芝麻2克

🧂 鸡胸肉是健身的小伙伴特别喜欢选择的一种食材，但是稍微有一点干柴和腥味。如果用鸡胸肉来做凉拌鸡丝，加入辣椒、红油、酱油等调料一拌，腥味就不见了，只剩下好吃，少放点盐都可以当主食吃了。好吃不发胖，放心大胆地吃吧。

🧂 调味技巧

鸡胸肉本身没有什么味道，但口感尚可，所以就要用重口味的调料料提升它的味道，加了红油和辣椒的鸡胸肉丝味觉层次丰富又有冲击力。

做法

1 鸡胸肉洗净，冷水下锅；小葱洗净、打结，和姜片一起下入锅中，再倒入料酒，大火煮10分钟。

2 10分钟后捞出，放入凉开水中过凉，待鸡肉冷却之后捞出，擦干表面水分，用手撕成细丝。

3 向鸡丝中加入红油、小米辣椒圈、酱油和盐，搅拌均匀。

4 将拌好的鸡丝倒入盘中，最后撒上熟白芝麻即可。

烹饪秘籍

鸡丝煮熟之后马上过凉，温度的骤变可以使受热膨胀的肉质迅速变得紧实有弹性，口感更好。

香油
/ 点睛之笔 /

日常都会遇到哪些香油？

按加工工艺来分，香油分为小磨香油和机制香油。

按味道浓郁程度来分，香油分为经高温炒料工艺处理的、具有浓郁香味的香油和用一般的压榨法、浸出法或其他方法加工制取的、香味清淡的普通香油。

饮食中香油的作用

香油中不含对人体有害的成分，而且富含维生素E和亚油酸，亚油酸具有降低血脂、软化血管、降低血压、促进微循环的作用。补充维生素E可使女性雌性激素浓度增高，提高生育能力，预防流产；而且在月子期间食用香油可以加快去除恶露，补充流失的维生素E、钙、铁等营养元素；便秘者早上起床时可以喝半茶匙香油，促进排便；患有血管硬化、高血压、冠心病、高脂血症、糖尿病、蛔虫性肠梗阻等病症者也宜食用香油；此外，经常食用香油还可以抗衰老、消除炎症、保护嗓子等。

甚至可以用香油代替普通烹饪用油使用，每天控制在25毫升以内即可。

香油与烹饪的关系

香油可用于制作凉、热菜肴，它本身浓郁的芝麻香气可以去腥膻、生香味；制作汤羹时淋几滴在上面，可以使汤羹味道更加鲜香；用于日常烹饪、煎炸，其味道醇香、色泽金黄纯正，是食用油中的珍品。此外，香油的凝固点较动物油脂低，在低温环境下不容易凝固，所以在烹制荤凉菜时一般用香油以保证成菜的品相。在制作中式糕点、糖果时，香油也是一种重要的辅料。

令人拍案惊奇的美味
拍黄瓜

⏱ 20分钟 | 🍴 简单

做拍黄瓜这道凉菜时，总是觉得自己像一个大师父，啪啪几下，就把黄瓜拍扁了，再顺势剁上几刀，直接放入碗中调味，最后淋一点浓香的香油，这道菜就算做完了，干净利索，简单美味。

主料
黄瓜1根

辅料
大蒜4瓣 | 醋1汤匙 | 生抽1/2汤匙
盐1/2茶匙 | 香油1茶匙

 调味技巧

黄瓜的清爽和大蒜诱人的味道在一起，搭配几滴醇香却没有攻击性的香油，融合二者优点的同时又锦上添花。

做法

1 大蒜去皮、洗净，用刀面拍扁，剁成蒜末，在空气中氧化15分钟。

2 黄瓜洗净，切去头尾，放在案板上，用也刀面拍裂，切成3厘米长的段。

3 取一个小碗，把蒜末、醋、生抽、盐和香油放入，搅拌均匀。

4 将黄瓜放入碗中，浇上调味汁，拌匀即可。

烹饪秘籍

喜欢吃辣的可以放点油泼辣子进去，味道更足。

还有比紫菜蛋花汤更容易上手的菜吗？热水烧开，撕几片紫菜，淋一圈蛋液，待蛋花浮起，就可以关火。加盐、香油，一碗简单而不平凡的紫菜蛋汤就做好了。

简单不平凡

紫菜蛋花汤

⏱ 5分钟 | 🍳 简单

主料
干紫菜15克 | 鸡蛋1个

辅料
淀粉5克 | 盐1茶匙 | 香油1/2茶匙

🧂 调味技巧

作为海藻类植物，紫菜本身就带着鲜味，再滴入几滴香油，就可以让这道简单的汤充满不简单的味道。

做法

1 坐锅烧水，水不用太多。

2 淀粉加凉水做成水淀粉，鸡蛋打散备用。

3 水沸后，将紫菜撕成小片，下入锅中。

4 将水淀粉搅匀，倒入锅中，中火煮至微微沸腾。

5 将鸡蛋液倒入锅中，一边倒一边用汤勺推动汤汁。

6 向锅内倒入盐和香油，关火，搅拌均匀即可出锅。

烹饪秘籍

加入水淀粉并在倒入鸡蛋时推动汤汁是为了让打出的蛋花更加漂亮。

本章介绍了烹饪"重口味"菜肴时需
要用的调料，用量小却必不可少。它
们是做出美味菜肴的灵魂调味品。

CHAPTER 2

干香
辛料

调味品名单

花椒（如花椒粉、花椒粒等）	桂皮
	孜然
干辣椒	黑胡椒粉/碎
辣椒粉	白胡椒粉/碎/粒
八角	五香粉
香叶	

金针肥牛

⏰ 10分钟 | 🍲 简单

主料

肥牛卷300克 | 金针菇150克

辅料

花生油1汤匙 | 蒜末7克 | 青花椒3克

`干辣椒段3克` | 生抽1茶匙 | 盐1/2茶匙

🧂 调味技巧

这道菜的灵魂是干辣椒和大蒜，干辣椒奠定了整道菜香辣的基调，大蒜则为整道菜平添了不少刺激，二者相互呼应，一道好吃的菜就诞生了。

做法

1 金针菇切去根部，撕成小簇，充分洗净。

2 坐锅烧水，水沸后下入金针菇，焯烫3分钟，捞出。

3 将金针菇挤干水分，铺在汤碗底部。

4 取一炒锅，锅烧热后倒1茶匙花生油，下干辣椒段和青花椒小火炒香。

5 再转大火，放入少量蒜末炒香，下肥牛卷和生抽，快速翻炒至肥牛成熟，关火。

6 将肥牛卷铺在金针菇上面，把剩下的蒜末铺在肥牛卷上。

7 锅中烧热花生油，油微微冒烟后离火，浇在蒜末上。

8 最后加盐调味，搅拌均匀即可。

烹饪秘籍

肥牛很容易成熟，炒制时看到颜色完全变白就是熟了，不需要再继续加热了，炒过火会影响口感。

我对金针菇有莫名的好感，它的口感在软与脆之间，看似无味，实则百味；肥牛卷遇热急速成熟，带有浓郁的牛肉香气，还便于入味和咀嚼；味型就选择麻辣吧，这道菜让人光是看到名字就忍不住咽口水，快快做来犒劳自己吧。

干煸豆角

⏱ 20分钟 ｜ 🍲 简单

主料

豆角400克｜牛肉末50克

辅料

料酒1茶匙｜酱油2茶匙｜干辣椒10克
花生油500毫升｜葱花5克｜蒜末15克
花椒5克｜盐1/2茶匙

🧂 调味技巧

放辣椒的目的不是为了有多辣，而是为了让油激发出辣椒中的香味，微辣浓香的味道和爽嫩的豆角，搭配有嚼劲的牛肉末，好一道下饭良品。

做法

1 将豆角洗净后去头、去尾，切成8厘米长的段备用。

2 牛肉末放入大碗中，加入料酒和1茶匙酱油搅匀，腌制10分钟。

3 干辣椒剪成1厘米长的段备用。

4 取一炒锅烧热，倒花生油，烧至七成热，将豆角倒入锅中，炸至豆角变软、表面变皱后捞出控油。

5 锅中留底油，放入葱花和蒜末炒香，然后放入干辣椒段和花椒，小火煸香。

6 炒出香味后放入腌好的牛肉末，大火翻炒至变色成熟。

7 将炸好的豆角放入锅中，翻炒几下，沿锅边淋入酱油。

8 最后加盐调味，翻炒均匀，关火出锅即可。

🍳 烹饪秘籍

挑选豆角时要选嫩一点的，炸过之后也不会因为脱水导致嚼不烂。

热门外卖菜肴之一的干煸豆角，其受欢迎程度大家都有目共睹。因为要经历一遍炸制过程，所以担心油品质问题的小伙伴可以在家自己做。干煸豆角的灵魂调味——干辣椒可千万不能少，油炸过的辣椒香味多过辣味，还有肉末搭配，别提多下饭了。

扒开辣椒找鸡肉

山城辣子鸡

⏱ 45分钟 | 🍴 中等

主料

鸡腿肉500克 | 干辣椒50克

辅料

料酒2茶匙 | 生抽1茶匙 | 蚝油1茶匙 | 淀粉5克
花生油600毫升 | 姜末5克 | 盐1茶匙 | 鸡粉2克

🧂 调味技巧

这道菜的重点就是干脆的辣椒和焦酥的鸡腿肉，整盘菜色泽红亮，香气诱人。

做法

1 将鸡腿肉洗净，切成2厘米见方的大块，放入碗中。

2 向碗中加入料酒、生抽、蚝油和淀粉，用手抓匀，腌制30分钟。

3 干辣椒用剪刀剪成2厘米长的段，不要丢弃辣椒子，放在一起备用。

4 取一炒锅，锅热后倒花生油，待油温升至七成热时，稍微倒一下鸡腿肉中多余的水分，下入锅中，快速用筷子搅散。

5 中火炸鸡腿肉，炸至鸡肉浮起、表面金黄时捞出，控油备用。

6 锅中留底油，油温六成热时下入干辣椒段和姜末，中火爆香。

7 把炸好的鸡肉放入锅中，大火翻炒。

8 最后放入盐和鸡粉调味，翻炒均匀出锅即可。

烹饪秘籍

如果觉得辣椒太辣，可以放一点白糖，白糖可以中和部分辣味。

这道菜有腌制、有油炸，处理过程不
算简单，但为的就是这一口浓郁的香味。
红彤彤一大盘都是辣椒，鸡肉就隐藏在这
一层层的辣椒中，扒开辣椒找鸡肉，每一
块都是满口酥脆。

陕西人民的智慧

油泼面

⏱ 50分钟 | 🍳 复杂

主料

面粉250克 | 油菜心100克

辅料

盐1/2茶匙 | 花生油1汤匙 | 辣椒粉5克

蒜末5克 | 生抽1/2茶匙

 调味技巧

这道传统的陕西面食将辣椒油的做法放在最后一步，热油淋在辣椒粉上激发出最浓郁的香气，趁热搅拌均匀，再也没有比这更新鲜热乎的辣椒油了。

做法

1 把面粉放入面盆中，再加半茶匙盐，分次加入120毫升清水，揉成面团。

2 覆上干净的湿布，醒面1小时，再揉面，再醒面，重复三次。

3 醒好的面团揉成长条，揪成面剂子，每个20克左右。

4 依次把每个面剂子搓成6厘米长的圆柱。

5 用擀面杖顺着面柱压一下，然后擀成宽约2厘米，长约10厘米的面片。

6 准备一个平盘，平盘底部刷油，将面片摆入盘中，再在面片上刷一层油，覆一层保鲜膜，静置30分钟。

7 烧热水，放入油菜心焯烫，捞出过凉，控干水分后铺在面碗底部。

8 烧半锅水，水沸后调小火，取出面片，双手均匀发力抻长面片，下入锅中，煮2分钟即可成熟，然后捞出，放入面碗中。

9 在面上放辣椒粉和蒜末，淋一圈生抽。

10 炒锅烧热后倒入花生油，油温烧至八成热时离火，用勺子舀油，直接浇在辣椒粉上，油泼面就做好了。

烹饪秘籍

面团揉好后醒的时间越久，面的延展性就会越好。如果不方便隔1小时揉一次，可以提前一天晚上揉好，密封冷藏一夜，第二天直接用。

到了陕西，可就是到了面食之乡。顺滑弹牙的面条安静地躺在碗底，绿油油的菜心在一旁点缀，撒上自己可以接受的辣椒的量，一勺热油泼下去，激起万层鲜香，趁热用筷子一拌，大口吃吧。

外焦里嫩

椒盐排条

⏱ 30分钟 | 🍽 中等

主料

猪排肉400克 | 面包糠50克

辅料

生抽1/2茶匙 | 料酒1茶匙 | 姜丝2克 | 鸡蛋1个
面粉20克 | 花生油500毫升 | 花椒粉4克
盐1/2茶匙

做法

1 猪排肉洗净，切成
1厘米粗、5厘米长的
排条。

2 将排条放在碗中，再
放上生抽、料酒和姜丝
抓匀，腌制15分钟。

3 15分钟后，将姜丝拣
出，磕入鸡蛋，放面粉
搅拌成面糊。

4 将面包糠倒在干燥的
平盘中备用。

5 取一炒锅，锅烧热后
倒花生油，待油温烧至
六成热时，夹起腌好的
排条，裹上面包糠，放
入锅中。

6 开中火，用筷子分散
排条，防止粘连，按照
入锅的先后顺序观察，
排条定形后夹出控油。

7 转大火，将油温升至
八成热，把所有排条再
次入锅复炸，炸至表面
金黄后捞出控油。

8 将控好油的排条移入
盘中，花椒粉和盐混合
后均匀撒在排条上就可
以了。

烹饪秘籍

腌肉时尽量用手抓匀，手的力度可以让调味料的味道
更好地渗入到肉中。

椒盐排条，这是干炸里脊在上海的叫法。不习惯吃酸甜的糖醋里脊而偏爱咸口，椒盐排条是最佳选择。咸香适中的椒盐撒在外焦里嫩的排条上，鲜嫩又富有弹性的排条肉会让你终身难忘。

天生一对
孜然羊排

⏱ 120分钟 | 🍴 中等

主料
羊排600克

辅料
姜片6克 | 料酒2茶匙 | 花椒5克 | 香叶3片
八角2粒 | 生抽1汤匙 | 花生油2茶匙
孜然粉2茶匙 | 大蒜粉2茶匙 | 白胡椒粉1茶匙
辣椒粉2茶匙 | 盐1茶匙

做法

1 羊排斩大段,在清水中浸泡2小时,中间换两次水,以泡出血水。

2 羊排泡好后取出,充分洗净,放入煮锅中,加冷水没过食材,锅内放姜片、料酒、花椒、香叶和八角,开大火煮沸。

3 煮沸后转小火,煮制过程中不断撇除血沫,直到不再产生,关火捞出。

4 擦干羊排表面水分,刷生抽和花生油,撒孜然粉、大蒜粉、白胡椒粉和辣椒粉。

5 烤箱预热至180℃,羊排用锡纸包好后放入烤箱,烤制30分钟。

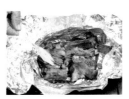

6 30分钟后,取出羊排,打开锡纸,再次刷油,重复撒孜然粉、大蒜粉、白胡椒粉、辣椒粉和盐。

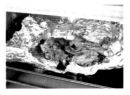

7 不用封好锡纸,直接放入烤箱,烤至表面微焦取出。

8 最后再撒些孜然粒和辣椒粉提味,稍微放凉一点,不烫手了就可以吃啦。

(烹饪秘籍)

烤箱一定要提前预热好,不然直接放进去慢吞吞地烤,烤不出我们想要的效果。

孜然和羊肉可以说是天生一对了。羊排先炖软烂，再用烤箱烤至外皮焦黄，撒上孜然粉和辣椒粉，别提多香了！冬天窗外寒风凛冽，我们在屋内大口吃着孜然羊排，好吃又暖身，简直是太美好了！

砂锅白菜炖粉条

⏱ 30分钟 | 🍲 简单

主料

白菜300克 | 干粉条30克

辅料

花生油2茶匙 | `八角1粒` | `干辣椒5克`
蒜片5克 | 姜片5克 | 老抽1茶匙 | 盐1茶匙

🧂 调味技巧

白菜炖粉丝是一道清爽的快手汤菜，加入具有天然香味的八角和辣椒，可以提升整道菜的风味，却不会破坏这道汤原有的清新感觉。

八角

干辣椒

做法

1 干粉条用大约60℃的水浸泡10分钟，不用泡得太烂，稍软即可。

2 粉条泡好后冲洗一下，切成15厘米以内的长段备用。

3 白菜洗净，去硬梗、切块，白菜帮切稍小一点，与菜叶分开放。

4 取一炒锅，锅烧热，放花生油，油微热时下入八角和干辣椒，小火炒香。

5 然后放入蒜片和姜片，中火炒香。

6 下入白菜帮，倒入老抽翻炒半分钟，然后下入白菜叶。

7 翻炒均匀后加水没过食材，大火煮沸后转入砂锅中。

8 砂锅中放入粉条，中火煮熟后加盐调味即可。

烹饪秘籍

喜欢吃素的可以再放一点豆腐，喜欢吃肉的可以用五花肉炝锅，炼出猪油会更香。

102

在外漂泊的我们吃腻了外卖和大鱼大肉，很多时候会怀念家乡的那一碗白菜炖粉条，简简单单的食材透露着淳朴的气息，微微辣的味道配上一碗米饭，真令人满足。

蛋白质的盛宴

鲫鱼炖豆腐

🕐 70分钟 │ 🍲 简单

主料

鲫鱼350克 │ 豆腐150克

辅料

姜丝2克 │ 料酒2茶匙 │ 花生油50毫升

花椒粒5克 │ 八角5克 │ 桂皮5克 │ 姜片3克

葱段5克 │ 酱油1茶匙 │ 盐1/2茶匙

🧂 调味技巧

豆腐和鱼都是味道比较淡的食材，炖清汤的时候可以发挥食材的本味，炖酱油浓汤的时候就需要加入八角增味了。

花椒粒　　　八角　　　桂皮

做法

1 鲫鱼刮去鱼鳞，开膛，挖去内脏，去除腹腔内黑膜，挖去鱼鳃，冲洗干净。

2 用姜丝、料酒和盐腌制鲫鱼20分钟，冲洗干净，擦干备用。

3 豆腐冲洗一下，切1厘米厚的大片备用。

4 取一炒锅，锅烧热后倒花生油，油烧至八成热时下入鲫鱼。

5 待一面炸好之后再翻面煎另一面，把两面煎至金黄，捞出。

6 锅留底油，下入花椒、八角和桂皮，小火炸出香味。

7 放入姜片和葱段，中火炒香，然后下入炸好的鲫鱼，淋入一圈酱油，加水没过鲫鱼。

8 大火煮至沸腾后加入豆腐，小火慢炖，直到豆腐和鲫鱼成熟，汤汁奶白，加盐调味即可。

🍳 烹饪秘籍

煎鱼时，一定要等到油温足够高之后再放鱼，这样不容易破坏鱼皮，而且只有在油里煎过之后再煮汤，才会炖出奶白色。

豆腐和鱼都是富含蛋白质的食物，经过花椒、八角的炖煮，又平添了一些肉的香气。小火慢炖出的鱼汤浓稠鲜香，鱼肉软嫩，豆腐香滑，舀一勺入口，舌头一抿就融化在嘴里了，令人心生愉悦。

萝卜是一种神奇的食物，跟谁做在一起就会有什么样的味道。这次用炖肉的方法来制作萝卜，放八角、酱油，原本脆生生的小萝卜就变得酱色浓郁，香气诱人。不尝一口，真的不知道萝卜到底有多好吃。

有肉味的素菜

红烧小萝卜

⏱ 10分钟 | 🍽 简单

主料

樱桃萝卜400克

辅料

花生油1汤匙 | 八角1粒 | 桂皮2克
香叶2片 | 姜丝3克 | 酱油2茶匙
白砂糖5克 | 盐1/2茶匙

🧂 调味技巧

这道菜的主料虽然是素菜，但是加了八角、桂皮等香料，以重口味烧制，竟然可以吃出肉的香味。

八角　　　桂皮　　　香叶

做法

1　樱桃萝卜择去叶子和长尾，洗净后纵向切开备用。

2　取一炒锅，锅烧热后放花生油，然后放入八角、桂皮和香叶，小火炸出香味。

3　等香味溢出后放入姜丝，中火炒香。

4　放入樱桃萝卜，沿锅边淋入一圈酱油，大火翻炒几下。

5　向锅内加200毫升清水，加白砂糖，转大火煮沸。

6　水沸后转中火，开盖收汁，起锅前加入盐调味即可。

烹饪秘籍

想要萝卜更入味，可以像拍黄瓜一样用刀拍一下萝卜再下锅。

最佳暖胃汤品
白果煲猪肚

⏱ 150分钟 ｜ 👐 简单

主料

猪肚300克 ｜ 白果200克

辅料

淀粉2茶匙 ｜ 醋2茶匙 ｜ 料酒2茶匙
姜片6克 ｜ 白胡椒粒6克 ｜ 盐1/3茶匙

🧂 白果是银杏树的种子，可以止咳停喘；猪肚可以健脾养胃；胡椒可以去除猪肚的杂味，也可以祛湿暖胃。所有的食材加起来，味道香浓又有保健功效，可谓家中必备汤品。

🧂 调味技巧

像猪肚、肥肠这类本身带有一点杂味但口感很好的食材，最好的调味方法就是使用重口味调味料。

做法

1 将淀粉和醋倒在猪肚上，揉搓至内外表面无黏液，然后冲洗干净。

2 处理好的猪肚冷水下锅，加料酒和姜片大火煮沸后捞出，再用热水冲洗一下。

3 白果用水泡10分钟，剥去外皮，继续泡在水中。

4 猪肚切成2厘米宽、7厘米长的长条；白胡椒粒用刀背拍裂备用。

5 取一砂锅，将水煮沸后下入猪肚、姜片和白胡椒粒，再次沸腾后转小火煲90分钟。

6 90分钟后放入白果，小火继续焖煮30分钟，加盐调味即可。

🍳 烹饪秘籍

处理猪肚时，一定要将表面的黏液和白色附着物去除干净，这样煲出的汤才没有杂味。

喝出满头大汗

酸辣汤

⏱ 25分钟 | 🍽 简单

主料

猪里脊肉100克 | 笋片50克 | 泡发木耳25克
泡发香菇20克 | 嫩豆腐50克 | 香菜10克 | 鸡蛋1个

辅料

花生油1茶匙 | 料酒1茶匙 | 生抽1茶匙
白胡椒粉1茶匙 | 鸡粉2克 | 淀粉5克
米醋2茶匙 | 盐1/2茶匙 | 香油1/2茶匙

🧂 调味技巧

酸辣汤中酸酸辣辣的味道来自于米醋和白胡椒粉，白胡椒粉的辣区别于辣椒的辣，它不会让人辣到不舒服的程度，而且喝完之后全身都暖暖的，很舒服。

做法

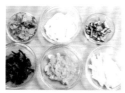

1 猪里脊肉、笋片、木耳、香菇、嫩豆腐分别洗净、切丝；香菜洗净、切碎备用。

2 取一炒锅，锅烧热后倒入花生油，油微热时下入里脊丝，用筷子划散，里脊丝定形后盛出备用。

3 锅内加清水煮沸，水沸后下入切好的笋丝、木耳丝、香菇丝、豆腐丝和肉丝，再次沸腾后转小火。

4 向锅内倒入料酒、生抽、白胡椒粉和鸡粉，稍稍搅拌均匀。

5 淀粉加水调成水淀粉，倒入锅中勾薄芡。

6 鸡蛋磕入碗中打散，待锅内再次沸腾后慢慢倒下蛋液，并用勺子轻推汤汁，使蛋花更好看。

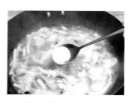

7 待蛋花全部浮起后关火，倒入米醋并加盐调味。

8 最后淋入香油，撒上香菜碎就可以了。

🍳 烹饪秘籍

酸辣汤里面的食材非常丰富，不需要勾太浓稠的芡汁，勾一点让蛋花浮起来的薄芡即可。

酸辣汤也叫胡辣汤，有辣必有酸，但这里的辣可不是辣椒的辣，而是胡椒粉的辣。胡椒除了辣，更多的是香，不会像辣椒一样辣得让人不禁嘶嘶地吸气，但也可以令人喝出满头大汗，从嘴到胃都很满足。

黑椒烤翅

⏰ 25分钟 | 🍴 简单

主料
鸡翅中8个

辅料
料酒2茶匙 | 生抽2茶匙 | 黑胡椒粒5克
花生油1茶匙

做法

1 鸡翅洗净，分别在两面划两上花刀，便于后面更好入味。

2 黑胡椒粒捣碎备用。

3 将鸡翅放在碗中，倒入料酒、生抽和黑胡椒碎，用手抓匀后腌制4小时以上。

4 烤箱上下火预热200℃，烤盘上铺锡纸，将鸡翅放在烤盘上，放入烤箱烤制10分钟。

5 10分钟后取出刷一层花生油，继续放入烤箱烤10分钟。

6 再次取出撒黑胡椒碎，放入烤箱烤3分钟即可。

🍳 烹饪秘籍

鸡翅可提前一天晚上腌制，在保鲜袋里密封好，放进冰箱冷藏一夜，鸡肉会更加入味。

超级简单的配料，但是味道却很高级，烹饪小白也可以尽情展露厨艺。用压碎的黑胡椒粒腌出的鸡翅香气浓郁且入味，经过烤制后表皮酥焦，肉质细嫩且多汁，让人忍不住舔手指。

彻头彻尾的美味

杂蔬牛尾汤

⏱ 270分钟 | 🍴 简单

主料

牛尾400克 | 番茄100克 | 山药100克
胡萝卜100克

辅料

姜片5克 | 料酒2汤匙 | 香叶3片 | 盐1茶匙
黑胡椒碎5克

调味技巧

为了保证牛骨最本真的味
道，煲汤时只加香叶就可
以，食用时再加黑胡椒碎
提味。

香叶　　　黑胡椒碎

做法

1 牛尾斩大段，冲洗干
净后在清水中浸泡2小
时，其间换两次水，泡
出血水后洗净。

2 取一煮锅，下牛尾
段，加冷水没过食材，
再放入姜片和料酒，开
大火煮沸。

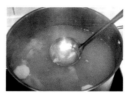

3 水沸后转小火，在焯
水过程中，用勺子捞出
不断产生的血沫，直到
不再产生。

4 番茄、山药和胡萝卜
洗净、去皮，切大滚刀
块，山药和胡萝卜泡在
清水中防止氧化。

5 将牛尾转移到砂锅
中，放入香叶，再倒入
焯牛尾的水，没过食材
即可。

6 开大火再次煮沸后转
小火，慢炖2小时。

7 加入番茄、胡萝卜
和山药块，小火炖至软
烂，加盐调味。

8 食用时，研磨黑胡椒
碎撒在碗中即可。

烹饪秘籍

牛骨中的血沫较多，如果怕焯牛尾的水有腥味，可以
不用这个水煲汤，但注意换水一定要是热的，受凉
的牛尾骨不容易成熟。

天气转凉的时候，应该多喝一些味道稍厚重的肉汤，为自己囤点秋膘，来迎接又一个寒冷的冬季。用多种蔬菜和调味料炖出的杂蔬牛尾汤，混合了多种食材的味道，自成一味，成就了这道彻头彻尾的美味靓汤。

虾仁和芦笋是鲜美的代表，两者搭配更是能够达到鲜美乘以二的效果。如此鲜美的食物不需要过于浓重的调味，就用简单的黑胡椒碎和海盐调味，慢慢煎熟就可以啦。

鲜美乘以二
虾仁芦笋

⏱ 15分钟 | 🍽 简单

主料
虾仁300克 | 芦笋200克

辅料
料酒1茶匙 | 花生油1茶匙 | 姜末3克
黑胡椒碎3克 | 海盐1/2茶匙

/ 🧂 调味技巧 /

味道清新的芦笋和鲜香弹牙的虾仁，撒一点看似"黑暗"的黑胡椒碎，却碰撞出了令人惊艳的味道。

做法

1 将虾仁的虾线挑去，冲洗干净，放入碗中，用料酒腌制10分钟。

2 芦笋洗净后切成4厘米的段，在沸水中焯烫断生后捞出，控水备用。

3 取一炒锅，锅烧热后倒花生油，待油温五成热时下入姜末炒出香味。

4 然后下入腌制好的虾仁，撒黑胡椒碎，大火快速翻炒至虾仁变色。

5 放入控干水分的芦笋，大火继续翻炒均匀。

6 最后加入海盐调味，翻炒均匀即可关火出锅。

烹饪秘籍

买来的芦笋用指甲掐一下根部，如果感觉老就切掉，或者把根部的皮削掉，否则会影响口感。

小朋友的最爱

牙签肉

⏱ 60分钟 | 🍴 简单

主料

牛里脊肉400克

辅料

生抽2茶匙 | 料酒2茶匙

五香粉1茶匙 | 辣椒粉8克

花椒粉1茶匙 | 孜然粉8克

盐1/2茶匙 | 花生油500毫升

🧂 **调味技巧**

纯油炸菜肴的调味都在最开始的腌制环节，用粉类调料不仅可以确保食材都腌制入味，而且不用再特意挑出，确实是好吃又方便。

五香粉　辣椒粉　花椒粉　孜然粉

🧴 油炸食品以其酥脆的口感和独特的香味深受大家的喜爱。制作牙签肉时，先用调味料腌制肉块使其入味，出锅后再次趁热撒上五香粉、辣椒粉等粉质香料，趁着食物表面的温度较高，粉料会牢牢吸附在食物表面，里外呼应的调料香味会让人垂涎欲滴。

做法

1 牛肉洗净，剔除筋膜，用刀背剁一遍，然后切成2厘米见方的块。

2 将牛肉块放在碗中，加生抽、料酒、五香粉、辣椒粉、花椒粉、孜然粉和盐，用手抓匀后腌制30分钟。

3 将牙签倒入沸水中烫煮半分钟杀菌，然后把腌好的肉穿在牙签上。

4 取一炒锅，锅烧热后倒花生油，烧至五成热，下入牙签肉，轻轻推动翻转牙签肉。

5 小火炸至牙签肉表面金黄、浮起即可捞出。

6 最后按个人喜好撒上孜然粉和辣椒粉就可以了。

🍳 **烹饪秘籍**

炸牛肉容易控制不好火候把肉炸老、炸硬，在处理牛肉时用刀背把牛肉的纤维打断，可以让牛肉更鲜嫩，这一招在煎牛排时也适用；炸制时要用小火，大火也容易把牛肉中的水分炸干，影响口感。

干炸素丸子真是一个伟大的发明，把素菜和面糊调和，加上可以让素菜也有肉味的五香粉，余成丸子油炸。丸子凉热都可以吃，还可以用来做快手汤。刚炸好的丸子外层焦酥，里面柔软有弹性，多吃几个也不会觉得腻。

比肉还香

干炸萝卜素丸子

⏱ 30分钟　　☐ 简单

主料
青萝卜500克 | 胡萝卜50克
面粉100克 | 鸡蛋1个

辅料
盐2茶匙 | 姜末5克 | 五香粉1茶匙
蚝油1茶匙 | 油500毫升

 调味技巧

为了让素丸子更均匀入味，我们一般会选用粉质调料调面糊，而五香粉是最好的选择。

做法

1 青萝卜和胡萝卜洗净、去皮，用擦丝器擦成细丝。

2 将萝卜丝放到盆中，加1茶匙盐，用手拌匀后静置10分钟，萝卜丝会出水，不要倒掉。

3 10分钟后挤一下水分，把萝卜丝放到案板上，切成大一点的碎末，再放到盆中。

4 将面粉、鸡蛋和姜末放入，再加入五香粉、蚝油和剩余盐调味，搅拌均匀。

5 取一炒锅，锅烧热，倒花生油，待油温烧至六成热时，用手取面糊，团成丸子下入锅中。

6 中火炸至表面微微焦硬成形，转小火再炸至丸子浮起，捞出控油即可。

烹饪秘籍

拌萝卜面糊时，根据浓稠程度调整面粉用量，尽量干一点，因为萝卜还是会出一点水的，保证下锅时可以成形就可以了。

本章介绍了调味品中的新鲜质地的香料，这些新鲜香料用量不大、不能常备，几乎是次次必买。使用这些香料，要的就是一种鲜活的味蕾刺激。

CHAPTER 3

新鲜香料

调味品名单

大葱

小葱

洋葱

姜（嫩姜、老姜、仔姜）

蒜

青/红小辣椒

小米辣

香菜

青蒜

杭椒

灵魂美味

葱爆牛肉

⏰ 15分钟 | 🍴 简单

主料

牛里脊肉300克 | 葱白70克

辅料

生抽1茶匙 | 料酒2茶匙 | 花生油1/2汤匙
姜末5克 | 蒜末5克 | 白砂糖3克 | 盐1/2茶匙

🧂 调味技巧

葱爆牛肉一定要用大葱的葱白炒，辣辣的大葱炒制之后竟有一丝甜味，如果可以买到正宗的章丘大葱那就更好了。

做法

1 牛里脊肉洗净后用刀背剁一遍，破坏其纤维，使肉质更嫩。

2 切3毫米左右的薄片，放入碗中，加少量生抽和料酒抓匀后腌制10分钟。

3 葱白洗净后斜切成厚片备用。

4 取一炒锅，锅烧热后倒花生油，待油温烧至五成热时下入姜末和蒜末炒香。

5 将肉片放入锅中，大火快速翻炒至变色成形。

6 再加入剩余的生抽和料酒，撒上白砂糖，快速翻炒均匀。

7 向锅中倒入切好的葱白片，大火翻炒3分钟。

8 最后加入盐，翻炒均匀后关火即可。

烹饪秘籍

这是一道万能制作流程的葱爆菜，可以把牛肉换成猪肉、羊肉或是鸡胗等食材，味道都很好。

虽然大多数时候，大葱算不上一道菜的主角，但却是
必不可少的。这道葱爆牛肉，牛肉是主要食材，但大葱
才是这道菜的灵魂，在肉片中加入葱段大火爆香，葱香
渗入肉片，这才是真正的美味。

火遍全球

宫保鸡丁

⏰ 25分钟 | 🍽 简单

主料

鸡胸肉300克 | 熟花生仁50克 | 葱白30克

辅料

料酒2茶匙 | 生抽2茶匙 | 淀粉15克 | 蚝油1/2茶匙
白砂糖1茶匙 | 陈醋2茶匙 | 盐1/2茶匙
花生油100毫升 | 花椒5克 | 干红辣椒5克

🧂 调味技巧

除了调味汁，大葱是宫保鸡丁这道菜中必不可少的元素，它可以与所有调味料的味道融合，并将它们更好地衬托出来。

做法

1 鸡胸肉洗净后切成2厘米见方的丁，葱白切成1.5厘米长的段备用。

2 将鸡丁放入碗中，倒入料酒，再加少量生抽和淀粉，用手抓匀后腌制15分钟。

3 取一小碗，放入蚝油、白砂糖、陈醋、盐和剩余的生抽、淀粉，加少许清水搅拌均匀成料汁，备用。

4 取一炒锅，锅烧热后倒花生油，待油温烧至五成热时下入熟花生仁，小火炸至花生仁酥脆，捞出控油备用。

5 留少许底油，油温再次升至五成热时下入花椒和干红辣椒段，炒出香味。

6 然后放入葱白和鸡丁，翻炒2分钟至鸡丁成熟。

7 鸡丁成熟后放入炸好的花生仁，翻炒几下。

8 最后倒入调好的料汁，炒至汤汁浓稠即可关火出锅。

烹饪秘籍

用直径1.5厘米左右的大葱最合适了，直接切段就可以。

宫保鸡丁可以说是世界上所有中餐馆里都有的一道菜了吧。细嫩的鸡胸肉、香脆的花生还有增香的大葱，获得了全球人民的一致认可。大葱是这道菜的灵魂，葱香混合了鸡肉和花生的味道，相互交融，味道才能达到巅峰。

一提到"肉包子"，人们首先想到的是猪肉大葱包子，可见它是多么经典了。包包子一般会多放油，这难免让人有点腻，这时候大葱就派上用场了。大葱的加入可以淡化油的味道，同时增添葱的香味，从而成就了这道经典美味。

最经典的包子

猪肉大葱包子

⏱ 90分钟 | ◇ 中等

主料

猪五花肉末500克 | **大葱300克**
醒发好的面团800克

辅料

姜末10克 | 料酒2茶匙 | 味极鲜2茶匙
香油1/2汤匙 | 五香粉1茶匙
盐2茶匙

🧂 调味技巧

大葱是非常提味的调味食材，在肉馅中使用既可以中和油腻又可以增香。

做法

1 五花肉末中加姜末，再倒入料酒和味极鲜，顺时针方向搅匀。

2 往肉馅中加入30毫升清水，顺时针搅打肉馅至黏稠无水，重复3次后静置20分钟。

3 大葱切去根部和不新鲜的叶子，剥掉外面老皮，洗净控水。

4 将大葱切碎，放入肉馅中，再加香油、五香粉和盐，顺时针搅拌均匀。

5 取出醒发好的面团揉出空气，揪出剂子，擀成包子皮，包成包子后再醒发15分钟。

6 蒸锅内放水烧沸后，将醒好的包子摆入蒸屉中，中火蒸20分钟后关火，再闷2分钟即可出锅。

烹饪秘籍

在调制肉馅时，把水搅打入肉馅中，会使蒸好的肉馅更加弹嫩多汁。如果想味道更鲜美，可以把清水换成高汤。

经典日料之一
寿喜锅

⏱ 30分钟　☐ 简单

主料

肥牛卷150克 | 豆腐100克
芹菜100克 | 鲜香菇50克
白菜100克 | 金针菇100克

辅料

牛油20克 | **大葱段10克**
白砂糖5克 | 蚝油1/2茶匙
生抽1茶匙 | 盐1/2茶匙

🧂 调味技巧

很多人做寿喜锅都会用黄油，但是黄油味道太过于浓香，会影响其他食材的味道，改用牛油能更好地搭配肥牛卷，做出更地道的寿喜锅。大葱则能去膻增香，不可缺少。

一提到日式火锅，最先想到的就是寿喜锅了。混合蔬菜微微带点甜味，可以隐约品到不是很浓重的牛油和大葱的味道，这些味道相得益彰，难怪这么多人爱它。

做法

1 豆腐冲洗净，切成1厘米厚的方片；其他蔬菜全部洗净，芹菜切段，香菇一切为四，白菜切块，金针菇去根、撕开备用。

2 取一炒锅，锅烧热后下入牛油，中火加热至牛油融化后放入大葱段，煸炒出香味。

3 放入豆腐块，小火慢煎至表面金黄，把豆腐盛出。

4 将芹菜、香菇、白菜和金针菇放入锅中，中火翻炒至微软。

5 向锅内加入糖、蚝油和生抽，翻炒几下后加清水与食材齐平，大火煮沸。

6 沸腾后将豆腐和肥牛卷码放在锅内，转中火，盖上锅盖，煮3分钟后加盐调味即可。

烹饪秘籍

这是比较中式的寿喜锅的做法，如果可以买到日式食材，可以用昆布汤代替清水，味醂代替生抽，蔬菜也可以自由搭配。

一道让人上瘾的面

葱油拌面

⏱ 15分钟 | 🍽 简单

主料

鲜面条200克 | 大葱15克 | 洋葱15克
小葱20克

辅料

菜籽油20毫升 | 生抽1茶匙 | 白糖1茶匙
盐1/2茶匙

🧂 调味技巧

葱油是个万能油，可以直接用来拌面，也可以撒点芝麻碎拿来蘸烤肉，或者做没有"葱"的葱油花卷，都很好吃。

洋葱　　　大葱　　　小葱

做法

1 将大葱、洋葱和小葱去皮、去根后洗净并控干水分。

2 大葱切葱花，洋葱切粒，小葱大部分切段，留一点切碎。

3 取一炒锅，锅烧干后倒入菜籽油，依次下入洋葱碎、葱花和小葱段，中小火炸香。

4 观察到小葱变成焦黄色时关火，将所有食材捞出，留葱油。

5 向锅内倒入生抽、白糖和盐，用油的余温化开白糖和盐。

6 煮锅烧水，将面条煮熟，捞出控水后放入碗中。

7 将锅内葱油浇在面上，搅拌均匀。

8 最后撒上小葱碎即可。

烹饪秘籍

葱油拌面的面最好用细面，干挂面和鲜面条都可以，但是注意不要煮过头，熟了就捞起。

看起来简简单单的一碗小面，一口吃下去才发现大有乾坤。三种葱混合炸出的葱油葱香浓郁，颜色橙黄，混入生抽、白糖调味提鲜，再拌入煮过的面条中，面条弹滑，味道馥郁。虽然简单，却是一道让人上瘾的面。

鸡蛋是人们生活中必不可少的食材，每个烹饪小白的烹饪入门之路上肯定有葱花炒鸡蛋这道菜。配料简单，鸡蛋和小葱即可；调味单一，油盐和蚝油就行，因为鸡蛋本身就是十分鲜美的食材了。炒出的蛋色泽金黄、柔嫩鲜香，味道好极了。

恰似你的温柔
葱花炒鸡蛋

🕐 5分钟 ｜ 🔲 简单

主料
鸡蛋3个 ｜ 小葱300克

辅料
花生油1汤匙 ｜ 盐1/2茶匙 ｜ 蚝油2克

 调味技巧

小葱既可作为蔬菜也可作为调味料，炒熟的小葱味道更加柔和，搭配软嫩的鸡蛋，解馋又温暖。

做法

1 小葱洗净、去根，切成碎末，放入碗中。

2 将鸡蛋磕入装有小葱碎的碗中，加盐和蚝油打散。

3 取一炒锅，锅烧热后倒花生油，待油温烧至八成热时将蛋液倒入。

4 迅速翻炒成蛋花，鸡蛋凝固成熟后盛出即可。

烹饪秘籍

1 磕鸡蛋之前用力晃一晃，可以减少蛋液在蛋壳上的残留。

2 炒鸡蛋的油温一定要高，这样更容易把鸡蛋炒得松软鲜嫩。

一清二白

小葱拌豆腐

⏱ 5分钟 | 🍽 简单

主料

豆腐300克 | **小葱50克**

辅料

盐1/2茶匙 | 香油2克

春天到了，各种植物争相发芽，来一睹春日阳光的真容。小葱也不甘示弱，鼓足了劲儿长高，葱叶翠绿、葱白雪白，拔一小把洗净、切碎，和豆腐拌在一起，撒一点盐、淋一圈香油，端杯小酒，故事就可以开始讲了。

🧂 调味技巧

春天新萌出的小葱味道最清新，白嫩的豆腐只需要一点香油和盐提味，其他的就交给小葱了。

做法

1 豆腐冲洗干净后擦干表面水分，切成1.5厘米见方的块。

2 小葱去根，洗净后切碎，葱白和葱绿一起切。

3 将豆腐放在盘中，撒盐，淋上香油。

4 最后撒上一把小葱碎就可以了。

烹饪秘籍

如果不喜欢豆腐的味道，可以在切好豆腐块之后用热水烫一遍，这样可以去除大部分豆腥味。

"每逢佳节胖三斤"，聚餐时大鱼大肉、重油重盐，吃几口就觉得饱了，如果这个时候上一道清爽的姜汁菠菜，一定会被一抢而空的。老姜浓郁、菠菜爽口，二者搭配必然是热门凉菜。

姜汁菠菜

⏰ 10分钟 ｜ 🍴 简单

主料

菠菜300克

辅料

老姜5克 ｜ 醋2茶匙 ｜ 生抽2茶匙
盐1/2茶匙 ｜ 白糖1茶匙 ｜ 花椒油1茶匙
香油1茶匙

🧂 调味技巧

姜老了之后除了纤维会变粗变硬之外，味道也会浓郁很多，所以用来提味时大多用老姜。

做法

1 坐锅烧水，烧水过程中将菠菜择好、洗净，姜去皮，切姜末。

2 水沸后将菠菜整棵下入，看到变色后马上捞出，放入装有凉白开的盆中过凉。

3 取一小碗，将姜末和所有调味料倒入，搅拌均匀。

4 菠菜完全冷却后捞出，攥干水分，切去老根。

5 将菠菜在案板上码放整齐，切成5厘米的段，然后转移到盘中。

6 最后将调味汁均匀浇在菠菜上就可以了。

🍳 烹饪秘籍

菠菜焯烫的时间不可过长，变色断生后就马上捞出，过凉是为了保持菠菜翠绿的颜色和鲜嫩的口感。

立冬头一餐
姜母鸭

⏱ 120分钟 | 🍴 中等

立冬的时候，南方的家庭就会开始做姜母鸭了。添加了大量老姜的汤汁驱寒活血、化痰去燥，一碗下去，似乎打通了全身经络，让人重新找回热血沸腾、青春年少的感觉。

主料
鸭子半只 | 老姜30克

辅料
花生油1/2茶匙 | 八角2粒 | 桂皮3克
香叶2片 | 老抽1汤匙 | 米酒50毫升
盐1/2茶匙

🧂 调味技巧

这道汤放了大量的老姜，姜可以驱寒生热，一碗带有淡淡姜味的老鸭汤不仅没有膻味，还多了几分鲜香，让人心生暖意。

做法

1 鸭子洗净后浸泡30分钟，泡去血水，再次清洗后切块备用；老姜洗净，去皮、切片。

2 取煮锅，鸭块冷水下锅，放少量姜片，焯水后捞出控水。

3 取一炒锅，锅烧热后倒花生油，待油温烧至五成热时放入少量姜片，煸炒出香味。

4 然后放入八角、桂皮和香叶，小火继续炒香。

5 放入焯好的鸭肉翻炒几下，倒入老抽，翻炒至鸭块均匀上色。

6 倒入刚刚没过鸭块的热水，放入剩余姜片和米酒，大火煮沸后转小火煲1.5小时，最后加盐调味即可。

🍳 烹饪秘籍

将鸭肉在烹饪前浸泡和焯烫，可去除鸭肉的膻味；米酒是这道菜的关键，最好不要用料酒代替。

谁说姜不香?

仔姜炒肉

⏰ 8分钟 | 🍲 简单

主料
猪里脊肉400克 | **仔姜50克**

辅料
生抽1茶匙 | 蛋清1个 | 淀粉2茶匙
花生油100毫升 | 盐1/2茶匙

🧂 调味技巧

仔姜是刚上市的嫩姜,辣味不明显,香味却很足,用来炒肉再合适不过了。

做法

1 将猪里脊肉冲洗干净,先切厚片、再切条,肉条宽度大约4毫米。

2 将肉放在碗中,倒入生抽和蛋清搅拌均匀,然后加淀粉抓匀上浆。

3 仔姜洗净后去皮,切细丝备用。

4 取一炒锅,锅烧热后放花生油,油温五成热时放入肉丝。

5 开中火,用锅铲快速打散翻炒,至肉丝变色后盛出。

6 锅留底油,放入姜丝炒香。

7 放入肉丝与姜丝一起翻炒,炒至姜丝变软、肉丝成熟。

8 最后加盐调味即可。

烹饪秘籍

如果姜坏了,千万不要把烂的部分挖掉继续用,因为烂掉的部分产生的毒素已经蔓延至整个姜,对人体有害。

"冬吃萝卜夏吃姜，不劳医生开药方。"老话能够流传这么多年，都是有道理的。姜可以驱寒暖身，尤其是每年刚出的嫩姜，水水嫩嫩、脆生生的，辣味也不是很明显，用它来炒肉，肉鲜姜嫩，好吃又健康。

神仙美味

亲子鸡肉饭

⏰ 15分钟 | 🍴 简单

主料

无骨鸡腿肉200克 | 白洋葱50克 | 生食鸡蛋2个
蒸好的米饭200克

辅料

日式酱油1汤匙 | 味醂1汤匙 | 清酒1汤匙
白砂糖1茶匙 | 盐1/2茶匙 | 小香葱碎5克

🧂 调味技巧

洋葱在这道饭中起关键的调味作用，而且很多日式调料中都带一点甜味，正好可以中和洋葱的辣，但同时又保留了它的香味。

做法

1 鸡腿肉去筋、洗净，带皮切两大块，擦干水分；白洋葱去外皮，洗净、切丝备用。

2 取一不粘煎锅，锅中不放油烧热，鸡腿肉皮向下放入锅中，小火把鸡皮煎出油，边缘焦黄时取出。

3 此时的鸡肉没有完全成熟，切小块备用。

4 取一煮锅，锅内加4汤匙清水，然后放入日式酱油、味醂、清酒、白砂糖和盐，小火煮沸。

5 水沸腾后放入洋葱和鸡肉块，小火将鸡肉煮熟。

6 碗中磕入鸡蛋，用筷子将蛋黄戳破，稍微搅动几下，不要让蛋清与蛋黄充分融合。

7 向锅中徐徐倒入一大半蛋液，用筷子轻轻搅动，使鸡蛋与鸡肉和洋葱混合在一起，煮10秒。

8 然后再倒入剩余蛋液，同样煮10秒就可以关火了。

9 将做好的食材浇在蒸好的米饭上，再撒上小香葱碎搅拌均匀即可。

烹饪秘籍

煮鸡肉时要用小火，火太大容易把汤汁熬干但鸡肉还没成熟，小火煮也可以更好地入味。

偶然间发现了这道神仙菜，第一次吃就被它爽滑的口感和鲜甜的味道吸引了。半熟的蛋液包裹着鲜嫩的鸡腿肉，白洋葱的鲜甜散布在汤汁中，还有日式酱油的清香和一种说不出美味，自己尝过才知道哦。

回锅肉

🕐 20分钟 | 🍽 复杂

主料

带皮猪五花肉300克 | 青蒜50克

辅料

葱段5克 | 姜片5克 | 料酒2茶匙 | 干红辣椒5克
花生油1汤匙 | 花椒3克 | 郫县豆瓣酱1汤匙
白糖1茶匙 | 盐1/2茶匙

🧂 调味技巧

可以生吃的青蒜在锅中用热气熏一下更能散发出它的香气，浓郁的香气缠绕着每一片五花肉，是最传统又好吃的搭配。

做法

1 取一煮锅，整块猪肉洗净后冷水下锅，再向水中加入葱段、姜片和料酒。

2 开大火，煮至沸腾，其间将不断产生的浮沫撇去，煮至猪肉完全变色成形后捞出。

3 猪肉用清水冲洗一下，然后切成3毫米厚的大片，每片都连皮带肉。

4 青蒜择好，洗净后切成5厘米长的段；干红辣椒切小段。

5 取一炒锅，锅烧热后倒花生油，油微热时下入干红辣椒和花椒。

6 中火炒香后放入肉片，翻炒至表面微焦时盛出备用。

7 拣去辣椒、花椒和姜片，向锅内倒入郫县豆瓣酱，中火炒出红油。

8 将肉片和青蒜放入锅中，再加白糖，快速翻炒均匀，加盐调味即可。

烹饪秘籍

猪肉炒之前先焯一下是为了焯出血水；煮定形之后再切则能够保持更好的形状。

回锅肉经久不衰，百吃不厌。肉片是永恒不变的主料，还可以搭配洋葱、青椒等食材，其中青蒜是最经典的搭配方案。一锅香喷喷、热气腾腾的青蒜回锅肉一亮相，米饭再一到位，马上就可以嗨起来了。

越是简单的食材越不容易烹制出好吃的味道，这就是为什么一桌子菜只剩下素菜的原因了。为了避免这种状况，不妨在烹制素菜的时候加一点蒜蓉，那味道，一定会给你惊喜的。

蒜香十足

清炒荷兰豆

🕐 6分钟　　□ 简单

主料
荷兰豆200克 | 大蒜5克

辅料
盐1/2茶匙 | 白砂糖1/2茶匙

淀粉1茶匙 | 花生油1茶匙

调味技巧

清炒蔬菜时放一点蒜会更提味，用蒜炝锅可以让油带有熟蒜的香味，后面加的芡汁里的蒜末可以增加生蒜的味道，生熟蒜味融合，带给你绝妙的体验。

做法

1 荷兰豆择去两端，洗净；大蒜剥皮，洗净后剁碎。

2 取一小碗，放入盐、白砂糖、淀粉和一半蒜末，加10毫升清水稀释均匀。

3 取一煮锅，锅中烧开水，放少量油和盐，水沸后下入荷兰豆，焯煮半分钟后捞出，过凉。

4 取一炒锅，锅内放少许花生油，油烧至五成热时放入另一半蒜末炒香。

5 然后将荷兰豆倒入锅内，大火迅速翻炒几下。

6 将调好的汤汁倒入锅中，大火翻炒至收汁且荷兰豆表面油亮即可装盘。

烹饪秘籍

清炒的菜先在水里焯一下，焯水时加一点油和盐，可以保证蔬菜色泽更鲜艳，而且油还有保温作用，可以让成菜不那么容易凉。

重口味凉菜

蒜茄子

🕐 20分钟 | 🍽 简单

夏天到了，每顿都要吃点凉菜才觉得舒坦。在东北，夏天的餐桌上经常出现的一道凉菜就是蒜茄子，别看它是道素菜，由于加了蒜的缘故，可是非常下饭呢，配馒头、烙饼都好吃。

主料

长茄子1个（约300克）

辅料

 大蒜5瓣 | 醋2茶匙 | 芝麻酱1/2汤匙

生抽1茶匙 | 盐1茶匙

🧂 调味技巧

蒸过的茄子本身没什么味道，放入大量的蒜则可以增进食欲，使我们胃口大开。

做法

1 将大蒜去皮、洗净，剁成蒜末，静置15分钟。

2 取一蒸锅，烧少许开水，将茄子去蒂，洗净，纵向一剖为二后，放入锅中蒸熟。

3 茄子蒸好后取出，放在阴凉通风处凉凉。

4 取一小碗，将蒜末和所有调味料混合在一起，不断搅拌，直到芝麻酱完全稀释。

5 用手把茄子撕成条，放在盘子中。

6 最后将调好的调味汁浇在茄子上，搅拌均匀就可以了。

🍳 烹饪秘籍

如果不习惯吃芝麻酱，可以用香油来代替，味道也是很棒的。

137

俘获人心的美味

蒜蓉粉丝蒸扇贝

⏰ 15分钟 | 🍲 简单

主料

扇贝6个 | 干粉丝30克 | 蒜末50克

辅料

蚝油1汤匙 | 酱油1汤匙 | 花生油2汤匙

小米辣碎5克 | 小香葱碎5克

🧂 调味技巧

这道放了小米辣的蒜蓉粉丝蒸扇贝比不辣的吃着更过瘾，大量的蒜末包裹着鲜美的扇贝，还有筋道的粉丝，一口吃下去，好满足。

大蒜　　小米辣

做法

1 将扇贝去掉砂囊后洗净备用；粉丝泡发备用。

2 取一小碗，将蚝油和酱油放入，加少许清水调成调味汁。

3 取一炒锅，锅烧热后倒花生油，待油温烧至五成热时放入蒜末和小米辣碎炒香。

4 将调味汁倒入锅中，小火翻炒几下，关火盛出。

5 取一蒸锅，锅中放入清水烧开。

6 将泡好的粉丝盘成鸟窝状，在扇贝上摆好。

7 将炒好的调味汁和蒜末均匀浇在扇贝上，放入蒸锅中，大火蒸5分钟，关火。

8 最后在扇贝上撒上小香葱碎即可。

烹饪秘籍

酱油、蚝油和蒜末在油中炒一遍，味道要比直接倒在扇贝上蒸熟好很多。

这道菜不用多说，光是看到就让人忍不住流口水。扇贝上面盘着鸟窝状的粉丝，粉丝上窝着鲜嫩可口的贝肉，还有熟蒜的味道，加上小米辣的点缀，无论是从视觉上还是味觉上都能俘获人心。

大口吃肉

杭椒牛柳

⏰ 25分钟 | 🍽 简单

主料

牛里脊肉300克 | **杭椒80克**

辅料

料酒1茶匙 | 姜片5克 | 生抽1茶匙 | 老抽1茶匙
蚝油1/2茶匙 | 花生油500毫升 | 淀粉20克

🧂 **调味技巧**

杭椒牛柳是一道经典菜肴，看似起装饰作用的杭椒其实非常好吃，不但不辣，还有特殊的辣椒香气。

做法

1 牛肉用清水冲洗干净，切成长5厘米的粗条。

2 牛肉放在小碗中，用料酒和姜片腌制10分钟。

3 杭椒洗净后去蒂，切成1厘米的丁。

4 取一小碗，将生抽、老抽和蚝油搅拌均匀，制成调味汁备用。

5 取一炒锅，锅烧热后倒花生油，用小火将油温保持至五成热。

6 挑出牛肉中的姜片，倒掉汤汁，加入淀粉抓匀，中火下入油锅中，滑炒40秒后捞出，控油。

7 捞出锅中油渣，待油温再次烧至五成热时下入杭椒，炸到杭椒皱皮，捞出控油备用。

8 锅留底油，倒入调味汁快速翻炒至起泡，下入牛肉和杭椒，翻炒均匀即可。

🍳 **烹饪秘籍**

在滑炒牛肉时，外面裹一层淀粉可以锁住牛肉内部的水分，保持肉质鲜嫩，也容易炒出外表微焦的酥脆口感。

牛肉不只有炖的做法哦，来不及炖牛肉时，炒牛肉是非常快手好吃的菜了。杭椒的微辣浸入软嫩的牛肉中，鲜香扑鼻，咸香入味，让人忍不住再添一碗饭。

米饭最佳伴侣

干锅菜花

⏰ 12分钟 | 🍲 简单

主料
有机菜花400克 | 猪五花肉60克

辅料
青红小辣椒各15克 | 葱姜末各10克 | 干辣椒5克
花生油2茶匙 | 酱油2茶匙 | 白糖1/2茶匙
鸡粉2克 | 盐1/2茶匙

🧂 **调味技巧**

干锅菜花一定要够油够辣,油和辣椒一定不能少放,将青红小辣椒切薄片可以最大限度让辣椒中的辣味释放,绝对够辣、够香。

做法

1 菜花洗净后去粗梗,从根部将菜花劈成小朵;五花肉洗净后切薄片备用。

2 青红小辣椒洗净,去蒂,斜切薄片;干辣椒剪成小段备用。

3 取一炒锅,锅热后倒入花生油,油温烧至五成热时下入五花肉片,小火慢炒,将五花肉中的肥油炒出来。

4 五花肉边缘微焦时下入葱姜末、干辣椒段,翻炒出香味。

5 炒香后向锅内倒入酱油,同时下入菜花,一起翻炒均匀。

6 向锅内加1汤匙清水,盖上锅盖,中火焖1分钟至菜花断生。

7 菜花断生后,放入青红小辣椒片翻炒均匀。

8 最后加入白糖、鸡粉和盐,大火翻炒均匀就可以了。

烹饪秘籍

菜花要切小朵一点,尤其是梗部,最好切薄一点;如果想吃大朵的,可以在炒之前在热水里焯烫一遍断生,但注意不要时间过长。

干锅菜花是每次去饭馆的必点菜品，下面点着火的干锅还在咕嘟咕嘟加热，青红辣椒的点缀也是格外好看。吃下去麻辣鲜香，绝对是米饭的最佳伴侣。

听者伤心、吃者落泪的伤心凉粉家喻户晓，但是为了一道菜把自己辣到流眼泪，有点没必要。这道香辣凉粉的辣味和香味搭配得刚刚好，因为用的是小米辣，没有用辣椒精等添加剂，口味可以自己调节，绝对不会让你失望。

吃完不会伤心的

香辣凉粉

⏱ 5分钟　⬚ 简单

主料

凉粉400克

辅料

小米辣2个 ｜ 大蒜2瓣 ｜ 生抽1/2汤匙
醋1/2汤匙 ｜ 白糖1茶匙 ｜ 花椒油1茶匙
香油1茶匙 ｜ 盐1/2茶匙

🧂 调味技巧

在凉菜中，小米辣很常用，它没有辣椒油那么油腻，也没有青椒那样有特殊的味道，而是一种大家都能接受的辣味调料。

做法

1 凉粉冲洗一下，过一遍凉白开，然后切成小指一样粗细和长短的条。

2 小米辣洗净，去蒂切薄片；大蒜去皮、洗净，切蒜末。

3 取一个小碗，将小米辣、蒜末和所有调味料放在一起，搅拌均匀。

4 将凉粉摆在盘中，浇上调好的调味汁，搅拌均匀就可以了。

烹饪秘籍

如果想要凉粉更辣，就把小米辣剁碎，但小心不要辣得哭鼻子哦。

就是这个味儿
芫爆肚丝

⏱ 5分钟 | 🍴 简单

主料

牛百叶300克 | 香菜梗50克

辅料

花椒粉1/2茶匙 | 鸡粉1/2茶匙
料酒1茶匙 | 酱油1茶匙 | 盐1/2茶匙
淀粉5克 | 花生油1茶匙 | 姜片3克

🧂 调味技巧

香菜浓郁的味道可以遮掉牛百叶本身的杂味，又可以提升整道菜清新的感觉，这简直是香菜爱好者的福利。

肚类以其弹牙筋道的口感获得了大众的喜爱，而不同部位讲究用不同的烹饪方法。厚肚炒菜、百叶涮锅，都超级好吃。一般在炒肚丝时会加一把香菜梗，香菜的味道可以掩盖肚丝的杂味，又可以提鲜增香，让你不禁叫好：就是这个味儿！

做法

1 牛百叶充分清洗干净，切成5毫米宽、5厘米长的条；香菜梗切成6厘米长的段备用。

2 取一煮锅，将适量水煮沸，将牛百叶条焯烫15秒，去除杂味，然后捞出控水。

3 取一小碗，碗中放花椒粉、鸡粉、料酒、酱油、盐、淀粉和少许水，充分搅拌均匀，制成调味汁备用。

4 取一炒锅，锅烧热后放花生油，油烧至七成热时下入姜片爆香。

5 下入牛百叶丝和香菜，大火快速翻炒。

6 看到香菜梗微软时倒入调味汁，大火迅速翻炒至食材均匀裹满调味汁，马上关火出锅。

烹饪秘籍

焯烫百叶的时间一定不能超过20秒，后期翻炒也尽量时间短一点，长时间加热会使百叶口感变差。

大众牌暖心汤
冬瓜排骨汤

⏰ 110分钟 | 🍴 简单

主料
排骨400克 | 冬瓜250克

辅料
姜片3克 | 料酒1汤匙 | **香菜10克** | 盐1茶匙

/ 🧂 调味技巧 /

排骨搭配冬瓜煮汤，好喝是好喝，但总觉得不够有味儿，加把香菜进去，马上会使这道菜迸发出迷人的味道。

做法

1 排骨洗净，斩成5厘米长的段，在清水中淘洗浸泡2次，每次10分钟。

2 排骨浸泡好后，捞入冷水锅中，放入姜片和料酒，大火煮沸。

3 煮沸后转小火，用勺子撇去浮沫，直到不再产生浮沫，然后关火。

4 将排骨转入砂锅中，再倒入刚刚焯排骨的汤，小火煮1小时。

5 冬瓜洗净、去皮、去瓤，切成2厘米见方的块；香菜洗净、切段。

6 1小时后，砂锅中放入冬瓜，中火炖15分钟。

7 最后加入香菜段，再加盐调味即可。

（烹饪秘籍）

冬瓜的水分比较多，而且容易成熟，不需要炖很久，不然会影响汤品的美观和味道。

想要每顿都吃新鲜的蔬菜，因此买菜的时候会跟老板说只要做一顿饭用的量。买冬瓜时，老板总会热情地搭一把香菜，不管是炒着吃还是煲汤吃，香菜总会用上。加过香菜的冬瓜会更加出味，不会特别寡淡。

千万不要被它的名字吓到。这道菜的主料是青椒，它可没有那么可怕。青椒独特的香味，加上小清新的黄瓜和散发异香的香菜，三种挥发性气味都强的蔬菜搭配起来，竟别有一番风味。

别有洞天

老虎菜

🕐 6分钟 ｜ 🍽 简单

主料
青椒80克 ｜ 黄瓜200克 ｜ **香菜60克**
葱白50克

辅料
生抽2茶匙 ｜ 醋1汤匙 ｜ 香油1茶匙
盐1/2茶匙

🧂 调味技巧

四种蔬菜的味道都具有强辨识度，青椒的香味悠长、黄瓜的香味清新、大葱的香味浓郁，加上香菜独特的香气，让老虎菜也变得温柔了。

做法

1 青椒洗净，去蒂、去子、去筋，斜切成细丝；黄瓜洗净，先切薄片，再切成细丝。

2 香菜择去烂叶，去根，洗净后切成香菜碎；葱白切细丝。

3 把所有食材放入沙拉盆中，倒入生抽、醋和香油，搅拌均匀。

4 最后放入盐，再次拌匀后装盘即可。

烹饪秘籍

盐要最后放，放太早会让蔬菜析出水分，影响口感和菜品卖相。

本章介绍已经有加工工艺的酱制品，味道
各具特色、可调节整道菜的味道基调。是
可以为整个厨房加分的调味品。

CHAPTER 4

制胜
好酱

调味品名单

甜面酱	泡椒酱
黄酱	剁椒酱
酱豆腐/腐乳	蒜蓉辣酱
芝麻酱	甜辣酱
豆豉酱	老干妈
柱侯酱	番茄酱
海鲜酱	咖喱酱
沙茶酱	XO酱
鲍鱼汁	虾酱
辣味豆瓣酱	

（如郫县豆瓣酱）

切薄片最好吃

酱牛肉

⏱ 120分钟 | 🍴 中等

主料
牛腱子肉1000克

辅料
姜片15克 | 料酒1汤匙 | 干料组合40克（丁香、花椒、八角、陈皮、甘草、小茴香、桂皮、香叶各5克） | 生抽1汤匙 | 老抽1汤匙 | 黄酱2汤匙
冰糖8克 | 葱段10克

🧂 调味技巧

黄酱除了够咸，还保留了豆子的原香，吃牛肉的时候除了能吃到各种调味料赋予的香味，还可以隐约尝到黄豆发酵产生的微甜的味道。

做法

1 取一煮锅，将洗好的牛肉冷水下锅，再加入料酒和7克姜片，大火煮沸。

2 其间捞出牛肉产生的血沫和杂质，等血沫不再产生时关火捞出。

3 牛肉捞出后直接放入凉水中过凉，并浸泡10分钟，其间换一次水。

4 取一砂锅，锅中放足量清水，放入干料组合中的材料煮沸。

5 水沸后，将牛肉移入砂锅中，加入生抽、老抽、黄酱、冰糖、葱段和剩余的姜片，大火再次煮沸。

6 水沸后转小火，小火慢煲1.5小时，再开大火滚煮后关火捞出。

7 将余下的汤和牛肉放在一起，室温条件下自然冷却。

8 吃多少切多少，剩下的可以放入冰箱密封冷藏，吃的时候切薄片即可。

烹饪秘籍

一般在煮肉类食材时，焯烫过后不会再过凉，凉水的刺激会使肉质紧实不容易煮烂，但是酱牛肉却正是需要这种紧实的口感。

走到哪里都有酱牛肉，但是从南到北一路吃过来，还是有差别的。北方的酱牛肉都是用黄酱来做的，酱味更加浓郁醇香，肉质紧实筋道，吃的时候一定要切成薄片，蘸点醋蒜汁会更好吃。

我对任何卷着吃的食物都没有抵抗力。微甜的面酱经过蒸制成熟后，酱香味更加浓郁，用它炒出的肉丝咸甜相宜、味道可口，用豆腐皮代替面皮把肉丝和大葱卷成细细的小卷，好吃又好玩。

京酱肉丝

⏱ 40分钟 | 🍽 简单

主料

猪里脊肉350克 | 大葱葱白100克
豆腐皮200克

辅料

盐1/2茶匙 | 料酒1茶匙 | 蛋清30克
淀粉5克 | 甜面酱40克
花生油300毫升 | 姜末3克

🧂 调味技巧

甜面酱有一种复合的味道，咸甜各半，还隐约带有豆子发酵的香气，用豆皮卷着葱丝和肉，一口吃下去，十分满足。

做法

1 猪肉洗净、切丝，放入大碗中，再放盐、料酒、蛋清和淀粉，用手抓匀后腌制15分钟。

2 大葱剥去老皮，先切成7厘米长的段，再切细丝，铺在盘子中间。

3 豆腐皮洗净，放入盘中，甜面酱盛在碗里，一起放入蒸锅蒸透。

4 取一炒锅，锅烧热后倒花生油，油温升至三成热时下入肉丝，开中火，用筷子迅速划散，炸熟后捞出控油备用。

5 锅中留少许底油，放入姜末炒香，然后下入蒸好的甜面酱，小火翻炒出香味。

6 下入肉丝，快速翻炒至甜面酱均匀裹满肉丝，盛放在葱丝上，用豆皮卷着吃就可以了。

烹饪秘籍

甜面酱容易煳锅，如果掌握不好火候，可以加一点水稀释一下再炒。

夏日必备
芝麻酱凉面

⏱ 20分钟 | 🍽 简单

天气热的时候胃口也跟着不好了，总想吃点清爽不油腻的食物。于是芝麻酱凉面便成为夏日必备，稀释过的芝麻酱口感丝滑爽口，搭配几种小青菜，让人食欲大开。

主料
面条400克 | 黄瓜100克 | 胡萝卜100克 | 绿豆芽100克

辅料
蒜泥10克 | 盐1/2茶匙 | 醋2茶匙
白糖1茶匙 | 鸡精1/2茶匙
花生碎15克 | 芝麻酱适量

🧂 调味技巧

芝麻酱中融合了多重味道，但芝麻酱是基底，其他味道加起来也只是点缀，麻酱凉面吃的就是这股醇香的芝麻味。

做法

1 黄瓜洗净，去皮、去蒂，切细丝；胡萝卜洗净、去皮，切细丝；绿豆芽浸泡10分钟后洗净。

2 取一煮锅，锅内烧开水，分别将绿豆芽和胡萝卜丝焯烫半分钟，在凉白开中过一遍后控干水分备用。

3 芝麻酱放入碗中，加纯净水稀释，再加入蒜泥、盐、醋、白糖和鸡精，搅拌均匀成芝麻酱汁。

4 取一煮锅，烧适量水将面条煮熟，不要煮太软，煮熟后捞出放入凉白开中过凉。

5 等面条凉透后控水，加黄瓜丝、胡萝卜丝、豆芽、芝麻酱汁、花生碎拌匀即可。

烹饪秘籍

芝麻酱稀释的过程很神奇，一开始会在水的作用下变成絮状，继续搅拌就会变成柔和的奶咖色了。

好搭档

南乳春笋烧肉

⏰ 70分钟 | 🍴 中等

主料

猪五花肉300克 | 春笋200克 | 南腐乳2块
南腐乳汁2汤匙

辅料

姜片5克 | 料酒1汤匙 | 花生油1茶匙 | 香葱段8克
冰糖3克 | 盐1/2茶匙

做法

1 五花肉洗净，切成麻将块大小；春笋洗净，去老皮，切滚刀块。

2 取一煮锅，五花肉块冷水下锅，锅内加姜片和料酒大火煮沸，转小火。

3 其间捞出不断产生的浮沫，不再产生时关火，捞出备用。

4 取一小碗，将腐乳块和腐乳汁放在碗中，用筷子压碎并搅拌散开备用。

5 取一炒锅，锅烧热后倒花生油，油温烧至五成热时下入姜片和葱段，大火爆香。

6 下入五花肉块翻炒至边缘泛黄微焦，加入春笋块翻炒几下，转中火。

7 倒入调好的腐乳汁，加入冰糖，翻炒均匀后加适量开水。

8 大火煮沸后转中小火，继续焖煮50分钟，最后大火收汁，尝一下味道后加盐调味即可。

烹饪秘籍

腐乳本身就是咸的，如果担心咸度不够，一定要在最后大火收汁之后尝一下味道再加盐，否则很容易做咸了。

南乳和肉是一对好搭档，炖煮过程中，肉可以吸收南乳的香味。这道菜可以加自己喜欢的任意蔬菜，萝卜、春笋、土豆都可以。这些蔬菜会吸收南乳和肉的味道，赋予自己新的风味，比肉都好吃哦。

是时候做出改变了

酱香排骨

⏱ 120分钟 | 🍴 中等

主料
排骨600克

辅料
姜丝5克 | 料酒1汤匙 | 淀粉15克 | 腐乳2块
腐乳汁10克 | 花生油1/2汤匙 | 姜片5克
黄酒1/2汤匙 | 酱油1茶匙 | 盐1/2茶匙
小葱花3克

做法

1 排骨斩小段，洗净后控水，放入小碗中，放姜丝、料酒和淀粉，充分抓匀后腌制1小时使其入味。

2 腐乳和腐乳汁一起放到小碗里，再加一点水，用勺子捣碎混合好备用。

3 取一炒锅，锅烧热后倒花生油，待油温烧至六成热时放入姜片爆香。

4 然后下入腌好的排骨，中火煎至两面金黄微焦。

5 倒入腐乳调味汁，翻炒半分钟，使排骨均匀裹上腐乳汁。

6 向锅内加50毫升热水，再倒入黄酒和酱油，盖上盖子，中小火焖煮40分钟。

7 40分钟后打开锅盖，转大火翻炒收汁。

8 最后放入盐调味，再撒一把小葱花装饰即可。

烹饪秘籍

出锅之前可以挤一点柠檬汁，这样可以丰富排骨的口感，也会中和腐乳的咸味。

怎样才能做出像餐馆里一样的红彤彤的酱排骨呢？关键就在于神奇的"北方力量"——酱豆腐，也叫腐乳。在烧排骨时将老抽替换成酱豆腐，在提升整体色泽的同时又增添了香味，色红味浓，健康又好看。

排骨有很多种吃法，炸的、红烧的、糖醋的，味道都很不错，但是做起来也相对麻烦。这道豆豉蒸排骨可以说是最简单的一种了。用豆豉酱和其他调料腌制好后，直接上锅蒸，在水蒸气的作用下，调料的香气渗入排骨，一口下去，软烂无比，豆豉的香味让你忘乎所以。

软、烂、香
豆豉蒸排骨

⏱ 90分钟 ｜ ⬚ 简单

主料
仔排400克

辅料
豆豉酱1汤匙 ｜生抽1汤匙
料酒1/2汤匙 ｜淀粉15克
盐1/2茶匙 ｜香油1/2茶匙

🧂 调味技巧

豆豉酱相对于自己用干豆豉制作调味料来说更简单方便，在腌制和小火蒸制的过程中，豆豉的鲜香充分渗入仔排，甚至连脆骨都入味了。

做法

1 仔排斩成小段，在清水中浸泡20分钟，泡出血水，再次洗净。

2 仔排放入碗中，加入豆豉酱、生抽、料酒、淀粉和盐，用手充分抓匀后腌制30分钟。

3 30分钟后向仔排中淋入一点香油抓匀，再将仔排码放在盘子中。

4 取一煮锅，锅内烧水，水沸后将仔排盘移到蒸屉上。

5 盖上锅盖，大火蒸5分钟后转中小火继续蒸30分钟。

6 30分钟后，关火再继续闷10分钟，就可以端出来吃了。

烹饪秘籍

香油一定要在蒸之前加，这样不但不影响调味料对仔排的渗入，而且可以使仔排在蒸制过程中保持水分，肉质鲜嫩。

万物皆可赋我味
鲍汁萝卜

⏰ 40分钟 | 🍴 简单

主料
白萝卜400克

辅料
 鲍鱼汁2茶匙 | 味极鲜1茶匙 | 盐1茶匙
白糖1/2茶匙 | 小葱碎5克

萝卜是烹饪可塑性极强的蔬菜，只需要给它一些时间，它可以炖出任何我们想要的味道。这道加了鲍鱼汁的萝卜吸收了鲍鱼汁的所有精华，只需要把萝卜炖到软烂，就可以享受这鲜香的美味了。

📦 调味技巧

萝卜本身清淡，加上鲜香的鲍鱼汁，慢炖半小时至入味，简直是人间美味。

做法

1 白萝卜去皮、洗净，切成1.5厘米厚的片，在两面轻划十字花刀。

2 取一小碗，将鲍鱼汁、味极鲜、盐和白糖放入，搅拌均匀制成调味汁。

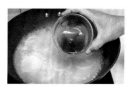
3 取一炒锅，加清水，煮沸后将萝卜片和调味汁放入。

4 大火再次煮沸后转小火煲炖30分钟，最后关火出锅，撒小葱碎就可以了。

烹饪秘籍

清水可以换成高汤，这样炖出来更好吃；最后的汤不用收汁或者勾芡，简简单单的原汤就很好。

在家就可以吃到

焖汁锅

⏰ 60分钟 | 🍴 复杂

主料

鸡翅中8个 | 火锅丸300克 | 莲藕100克
土豆100克 | 芹菜100克 | 洋葱100克
香菜30克

辅料

生抽1汤匙 | 蚝油1茶匙 | 黄酒1汤匙 | 海鲜酱2茶匙
柱侯酱1茶匙 | 沙茶酱1茶匙 | 菌菇酱1茶匙 | 白糖1茶匙
花生油1汤匙 | 八角2粒 | 姜片5克 | 蒜片5克

做法

1 鸡翅中洗净，表面改花刀，用姜片和部分黄酒腌制20分钟。

2 莲藕去皮、洗净，切成1.5厘米厚的片，泡在水中；土豆去皮、洗净，切成滚刀块，泡在水中；芹菜洗净，切成5厘米长的段；洋葱去皮、洗净、切片，掰成条；香菜洗净，切成2厘米长的段。

3 取一大碗，将生抽、蚝油、黄酒、海鲜酱、柱侯酱、沙茶酱、菌菇酱、白糖放入，搅拌均匀备用。

4 取一炒锅，锅烧热后倒花生油，放八角小火炸香，然后放入姜片和蒜片大火爆香。

5 再放入莲藕和土豆，翻炒3分钟，放入芹菜，再炒3分钟后，放入洋葱，全部食材一起翻炒1分钟后铺平。

6 将火锅丸和腌好的鸡翅均匀平铺在蔬菜上，盖上锅盖，中火焖至上汽，再焖5分钟。

7 打开锅盖，将调配好的酱料抹在火锅丸和鸡翅表面，多余的也平铺在锅中抹匀。

8 盖上锅盖，中火焖制20分钟，最后撒上香菜段就可以了。

烹饪秘籍

蔬菜和肉类都可以选择应季的、自己喜欢的，如海鲜、河鲜、牛肉都可以。

冬天的时候总是想吃热气腾腾的焖锅，又不想顶着寒风出门，现在在家也可以做焖锅了。选择自己喜欢的蔬菜、丸子和肉，像在火锅店调自己的那碗蘸料一样，随意加喜欢的调料进去，十几分钟后，就可以收获一锅超级美味的焖锅啦。

大口大口吃

麻婆豆腐

⏰ 15分钟 | 🍲 简单

主料
南豆腐400克 | 瘦牛肉末50克

辅料
麻椒5克 | 青蒜10克 | 干豆豉5克 | 花生油1/2汤匙
郫县豆瓣酱1汤匙 | 姜末5克 | 蒜末5克
酱油1茶匙 | 白糖1/2茶匙 | 淀粉10克 | 盐适量

🧂 调味技巧

豆瓣酱一定要先加热，炒出红油才更好吃，郫县豆瓣可是最经典的麻婆豆腐的调料。

做法

1 在豆腐盒底部戳几个小孔，然后将正面的膜撕掉，将豆腐完整扣出。

2 将豆腐切成1.5厘米见方的小块，放入淡盐水中焯烫，然后捞出，浸入冷水备用。

3 麻椒在案板上用擀面杖擀成麻椒碎，青蒜洗净、切碎，干豆豉洗净、切碎备用。

4 取一炒锅，锅热后倒花生油，油烧热后将牛肉末倒入，小火煸炒，把肥肉炒出油，盛出备用。

5 向锅内放入郫县豆瓣酱，小火将其煸炒出红油，然后放入姜末、蒜末和豆豉碎。

6 炒出浓郁香味后加入2汤匙清水，再放入酱油和白糖煮沸。

7 把豆腐块和牛肉末放入，晃动炒锅使其均匀裹上酱料。

8 淀粉加水调制成水淀粉，分两次倒入锅中勾芡。

9 最后加盐调味，撒入麻椒碎和青蒜碎即可出锅。

🍳 烹饪秘籍

这道菜两次勾芡的原因是豆腐比较容易出水，分别勾芡可以让菜品的汤汁更为浓厚。

麻婆豆腐不管是叫麻婆的人做出的豆腐还是够麻够辣的豆腐，它在川菜中的地位是无可替代的。软嫩的豆腐滑口细腻，经油煸过的牛肉末香气四溢，味道麻辣鲜香，来碗米饭就可以大口大口吃了。

鱼香肉丝

⏱ 30分钟 | 🍳 复杂

主料

猪里脊肉300克 | 冬笋100克 | 青椒50克
泡发木耳50克

辅料

料酒1汤匙 | 蛋清20克 | 淀粉8克 | 白糖2茶匙
酱油1汤匙 | 醋2茶匙 | 鸡精1/2茶匙 | 水淀粉1汤匙
花生油100毫升 | 姜末8克 | 蒜末8克 泡椒酱2汤匙

🧂 调味技巧

鱼香味是小酸甜，外加泡椒酱的一点辣味和切得如此精细的食材，大火翻炒之间，食材充分裹匀酱汁，速战速决的味道最新鲜。

做法

1 猪里脊肉洗净后切成5厘米长、5毫米粗的丝并装入碗中。

2 向碗中加入料酒、蛋清和淀粉，用手充分抓匀后腌制10分钟。

3 冬笋洗净、去老皮，切成火柴棍粗细的丝；青椒去蒂、去子，洗净，切丝；木耳洗净，切丝。

4 取一小碗，将白糖、酱油、醋、鸡精和水淀粉加入，搅拌均匀制成调味汁。

5 取一炒锅，锅烧热后倒入花生油，待油温烧至四成热时放入猪里脊丝，快速用筷子划散炸至变色捞出。

6 锅留底油，烧热后下入姜末、蒜末和泡椒酱，中火炒香。

7 然后放入炸好的肉丝，还有冬笋丝、青椒丝和木耳丝，大火翻炒3分钟。

8 最后淋入调味汁迅速翻炒均匀，看到芡汁变浓后即可关火盛出。

烹饪秘籍

鱼香肉丝使用的都是很容易成熟的食材，如果在烹饪时一个个加调味料容易手忙脚乱，所以将调味汁事前准备好，到时候直接倒进锅中最稳妥。

鱼香肉丝里面没有鱼，这点大家应该知道吧。"鱼香口"区别于"糖醋口"，是稍微柔和的小酸甜，还有一点辣的成分。包过浆的猪里脊炒出来滑嫩爽口，笋丝、木耳、青椒的口感和味道相得益彰，最后一点芡汁将所有的味道包裹住，就有了这道下饭好菜。

这是一道红红火火的菜，粉粉糯糯的芋头配上鲜艳香辣的剁椒酱，剁椒酱的咸鲜赋予芋头以新的生命力。整道菜香气四溢，咸鲜下饭，比肉还好吃。

素菜荤做

剁椒蒸芋头

⏰ 45分钟 ｜ 🍴 简单

主料

小芋头500克

辅料

白醋1汤匙 ｜ 剁椒酱1汤匙 ｜ 蒜末5克
姜末5克 ｜ 生抽1茶匙 ｜ 香油1茶匙
盐1/2茶匙 ｜ 小葱花5克

🧂 调味技巧

芋头口感绵密，一大块芋头入口，慢慢品尝，可以尝出芋头的本味，但如果搭配爽辣刺激的剁椒酱就是另一番滋味了，让人越吃越上瘾。

做法

1 装半盆清水，向水里倒入白醋，做成淡醋水。

2 小芋头洗净后去皮，一切为四，在淡醋水中浸泡20分钟。

3 取一小碗，放入剁椒酱、蒜末、姜末、生抽、香油和盐调制调味汁。

4 取一蒸锅，锅内加水，大火煮沸，水沸后将调味汁放在蒸屉上蒸制5分钟。

5 将泡好的芋头块捞出，冲洗干净后摆在盘中，浇上蒸好的调味汁。

6 再次放入蒸锅中蒸制15分钟，最后撒上小葱花即可。

烹饪秘籍

经过白醋浸泡的芋头，不容易让人吃着或者拿着发痒，同时在前期处理芋头时也可以在手上抹一些白醋起到防护作用。

你看得到我的心吗?

越南春卷

⏱ 25分钟 | 🖐 简单

主料

越南春卷皮20克 | 彩色甜椒40克
生菜80克 | 草莓40克 | 猕猴桃50克
芒果50克

辅料

甜辣酱1汤匙

晶莹剔透的越南春卷一眼就被看透了,里面包裹着各种自己喜欢的蔬果,拿起一卷,上下兜好,直接戳进甜辣酱中,然后将蘸满酱料的春卷大口塞入嘴中,酸酸甜甜的味道可以赶走一天的疲惫。

🧂 调味技巧

甜辣酱是现成的,跟清甜的蔬果搭配一点也不违和。

做法

1 所有的蔬菜水果洗净后控干水分,再切成适合包入春卷的形状备用。

2 取一个干净的比春卷皮略大的盘子,擦干水分后倒入烧开凉凉的温水,取一片春卷皮,浸入温水中约5秒。

3 5秒后取出,沥去多余水分,平铺在干净的案板上,案板上可以铺一层保鲜膜。

4 将切好的蔬菜水果码放在春卷皮上,最先放的会透过春卷皮显示出来,所以要选颜色漂亮的。

5 放好食材后,将春卷皮像卷寿司一样卷起一半,然后将左右两头折进去,卷完剩余部分。

6 最后取出,蘸着甜辣酱就可以吃了。

烹饪秘籍

卷好的春卷不要挨着放,会粘在一起;也不要在空气中放置太久,否则容易风干变硬。

铁板鱿鱼

🕐 25分钟 | 🍴 中等

主料

鱿鱼400克 | 紫洋葱80克 | 青红椒各40克

辅料

生抽1茶匙 | 蚝油1茶匙 | 料酒1茶匙 | **蒜蓉辣酱1汤匙**
甜面酱1茶匙 | 盐1/2茶匙 | 白砂糖1茶匙 | 辣椒粉3克
孜然粉3克 | 熟芝麻3克 | 花生油少许

🧂 调味技巧

蒜蓉辣酱也是辣椒酱家族里的一员大将，它的蒜味可以遮盖鱿鱼本身的腥味，吃起来毫无压力。

做法

1 将鱿鱼的头和腿分开，头部用剪刀剪开，抽去透明的骨头；用刀背把腿上的吸盘刮掉、洗净。

2 取一煮锅，放适量水煮沸，下入鱿鱼焯烫后捞出，撕去紫膜。

3 将焯烫好的鱿鱼切成长条，用生抽、蚝油和料酒腌制10分钟。

4 洋葱去干皮，洗净、切丝；青红椒切丝备用。

5 取一小碗，将蒜蓉辣酱、甜面酱、盐和白砂糖放入，搅拌均匀。

6 取一煎锅，锅烧热后刷一层油，将鱿鱼控水倒入锅中，中火煎制。

7 鱿鱼卷边时下入洋葱丝和青红椒丝，翻炒几下后倒入调味汁炒到微干。

8 临出锅前撒上辣椒粉和孜然粉搅拌均匀，装盘后撒上熟芝麻就可以了。

🍳 烹饪秘籍

鱿鱼焯过水后表面的紫膜会更容易撕掉，去掉紫膜后，鱿鱼的腥味会减淡很多。

每次在街边路过铁板鱿鱼的摊位都忍不住放慢脚步，多吸两口空气，于是自己回家也研究了一道正宗的铁板鱿鱼。提味的蒜蓉辣酱、面酱、糖等调味料混合一起，在滚烫的锅上大火煎熟，香味止不住钻出来，邻居都以为谁家把铁板鱿鱼摊搬回家了。

这是一道非常可爱又好看的小零食，炸成小碗形状的馄饨皮上装着满满的香椿苗拌豆腐，那滋味已经很鲜香了，最厉害的是把老干妈放在最上面，不但起到了点缀作用，而且使整道菜的味道更为丰富，超级好吃。

要做精致的吃货

豆腐薄脆

⏰ 15分钟 | 🍴 简单

主料

香椿苗200克 | 北豆腐200克

馄饨皮15张

辅料

香油1茶匙 | 醋1茶匙 | 生抽1茶匙

盐1/2茶匙 | 花生油200毫升

老干妈1汤匙

🧂 调味技巧

初春香椿苗的异香可以用豆腐的味道来融合，在清淡之中点缀老干妈刺激味蕾，还有一口酥脆的馄饨皮，解馋又简单。

做法

1 香椿苗洗净，豆腐切成1厘米见方的小块。

2 煮锅内烧水，分别焯烫香椿苗和豆腐块，捞出，过凉白开备用。

3 将香椿苗切碎，和豆腐块放在一起，倒入香油、醋、生抽和盐轻轻拌匀。

4 取一炒锅，锅烧热后倒花生油，油温烧至六成热时下入馄饨皮，炸至定形成碗状且颜色金黄。

5 馄饨皮炸好后捞出，摆在盘中，用勺子盛香椿苗豆腐放在上面。

6 在每个豆腐薄脆上放一点老干妈，用手端起来，大口吃就可以啦。

烹饪秘籍

炸馄饨皮时可以用两个勺子辅助定形，用一个勺子在馄饨皮下托底，另一个在上面压着，馄饨就变成了有弧度的碗状了。

粉不醉人人自醉
XO酱炒米粉

⏱ 15分钟 | ▢ 简单

出去吃火锅时，总喜欢在调料碟里加一大勺XO酱，咸淡相宜的味道，还有丝丝筋道有滋味的肉丝，用它来炒米粉也是非常好吃。

主料
米粉200克 | 猪肉末50克

辅料
花生油1茶匙 | 蒜末3克 | XO酱1汤匙
盐1/2茶匙 | 香葱碎5克

🧂 调味技巧

用调配好的酱料炒菜既简单又好吃，消除了自己调不好味道的顾虑，咸香微辣的XO酱是很好的搭配米粉的调味料。

做法

1 米粉用温水泡软，然后在水中冲洗一遍，控干水分。

2 取一炒锅，锅内倒花生油，油微热时下入蒜末，中火炒香。

3 下入猪肉末，肉末表面变白散开后向锅内加入一半的XO酱炒香。

4 将米粉下入锅中翻炒均匀，炒至米粉吸收油分。

5 然后再倒入另一半XO酱，快速翻炒均匀。

6 最后加盐调味，出锅前加一把香葱碎即可。

烹饪秘籍

炒米粉时油可以放多一点，这样炒出来的米粉不会太黏；这道炒米粉中，XO酱中本身就有油，一定要掌握前期放油的量。

红红惹人爱

茄汁大虾

⏰ 20分钟 | 🥢 简单

主料

鲜虾300克 | 番茄酱2汤匙

辅料

姜末3克 | 料酒1茶匙 | 白糖1茶匙
花生油300毫升 | 盐1/2茶匙 | 熟白芝麻3克

🧂 调味技巧

番茄酱是纯粹的酸甜味，搭配鲜美弹牙的大虾，红彤彤的，十分诱人。

做法

1 鲜虾洗净，剪去虾须和头刺，从背侧开刀去除虾线，再次洗净。

2 将虾放入碗中，加入姜末和料酒腌制5分钟。

3 取一小碗，将番茄酱、白糖和10毫升清水混合稀释备用。

4 取一炒锅，锅烧热后倒花生油，油温五成热时，将虾挑出，刮去姜末，下入锅中。

5 炸至变色且外壳酥脆时捞出控油。

6 锅留底油，将稀释的番茄酱汁倒入锅中，小火慢熬至酱汁浓稠。

7 下入炸好的大虾，快速翻炒搅拌至均匀裹上酱汁。

8 最后加适量盐调味，转圈撒上熟白芝麻即可。

烹饪秘籍

番茄酱要稀释后再下锅熬至浓稠，直接下锅炒容易煳锅。

一盘红彤彤的菜，红红的番茄酱中有红红的大虾，不要担心大虾的鲜味被番茄酱的味道掩盖，剥一只尝尝，就会知道它们有多么合拍，在酸甜的口味中回味那一缕鲜香，才是这道菜正确的吃法。

意大利海鲜浓汤

⏱ 30分钟 | 🍴 复杂

主料

鲜虾200克 | 鲜贝50克 | 鳕鱼柳80克
蛤蜊100克 | 洋葱50克 | 番茄80克

辅料

黄油10克 | 大蒜10克 | 白葡萄酒1汤匙
鲜奶油1汤匙 | 盐1/2茶匙 | 番茄酱适量

🧂 调味技巧

番茄酱是浓缩的番茄汁,味道比自己切番茄煮出来的更加浓郁。

做法

1 鲜虾剥去虾头、虾壳,背部开刀去除虾线;鲜贝洗净,大块的可以一切为二。

2 鳕鱼柳洗净,放入煎锅,用黄油大火煎一下,外表变色即可,然后切成2厘米见方的块。

3 取一煮锅,烧少许开水,下入蛤蜊,煮至开口就马上关火,然后捞出,冲洗干净。

4 洋葱去老皮,洗净后切丝;大蒜去皮,洗净切片;番茄去皮,切丁。

5 取一炒锅,锅热后放黄油融化,放入洋葱丝和大蒜,小火煸炒3分钟直到洋葱丝变软。

6 向锅内倒入白葡萄酒和番茄碎,小火慢炒5分钟。

7 锅内加水,然后加入番茄酱和鲜奶油,大火煮沸后转小火慢煲10分钟。

8 放入虾仁、鲜贝、鳕鱼和蛤蜊,大火开盖煮2分钟,加盐调味即可。

烹饪秘籍

焯烫蛤蜊时,蛤蜊一开口就关火是为了使蛤蜊能在开口吐沙的同时还不煮老。

番茄味是一种饱受争议的口味，有人不吃番茄味薯片，但又对番茄酱爱不释手；吃不下整个的生番茄，却偏爱一碗浓郁的番茄浓汤。意大利海鲜浓汤，将浓浓的番茄酱稀释，然后加入多种海鲜熬煮制成，海鲜和番茄的味道交融在一起，谱写出异域风情。

将进饭，勺莫停

咖喱牛肉盖饭

⏰ 20分钟 | 🍚 简单

主料
肥牛卷300克 | 洋葱100克 | 大米50克

辅料
花生油1茶匙 | 姜片3克 | 蒜片3克

咖喱酱2汤匙 | 奶油1/2汤匙 | 盐1/2茶匙

🧂 调味技巧

咖喱酱混合了几十种辛香料，有了它，基本不需要再加其他的调味料了。

做法

1 大米淘洗干净后放入电饭煲蒸制。

2 洋葱去老皮，洗净，切丝备用。

3 煮锅烧水，将肥牛焯烫一下，去除血水。

4 取一炒锅，锅烧热后倒花生油，油热后放入姜片和蒜片炒香。

5 放入洋葱丝，大火炒软。

6 倒入咖喱酱、奶油和1汤匙清水，大火煮沸。

7 放入焯好的肥牛，盖上锅盖煮3分钟，然后大火收汁，熬至浓稠后加盐调味。

8 用盘子盛米饭，将做好的咖喱肥牛浇在饭上即可。

🍳 烹饪秘籍

这是最快手版的咖喱肥牛盖饭，平时时间充裕，可以加入自己喜欢的配菜。

咖喱酱简直是神一样的调味料，不管用它做什么都好吃，薄薄的肥牛片裹满汤汁，浓郁的汤汁配着米饭，一碗接一碗，根本停不下来。

空心菜很多人都喜欢吃，我一般是清炒或者是蒜蓉炒，直到有一次吃到虾酱炒空心菜，觉得超级好吃，回家自己尝试做了一下，虾酱的加入使得空心菜一改往日的小清新，多了一些韵味，还是脆生生的口感，相信只吃一口就可以爱上。

一口就爱上了
虾酱炒空心菜

⏰ 7分钟 | 🍴 简单

主料
空心菜400克

辅料
虾酱1茶匙 | 鸡粉1/2茶匙
白砂糖1/2茶匙 | 花生油1茶匙
姜丝3克 | 蒜末5克

🧂 调味技巧

虾酱也是懒人的万能酱，炒青菜（尤其是叶菜）时加入，会让整道菜有浓郁的海鲜的咸香味道。

做法

1 空心菜择好洗净，将茎和叶分开，茎切5厘米长的段。

2 取一个小碗，碗内放虾酱，加10毫升水，再加入鸡粉和白砂糖，搅拌均匀制成调味汁。

3 取一炒锅，锅内倒花生油，油热后放入姜丝炒香。

4 然后下入空心菜茎，翻炒一下，放入一半蒜末。

5 等蒜香味溢出之后放入菜叶，倒入调味汁，盖上锅盖焖半分钟。

6 最后倒入剩余蒜末，将菜、蒜末和虾酱翻炒均匀即可出锅。

烹饪秘籍

叶和茎的成熟时间不同，为了保证同时出锅，所以要分开下入锅中。

这一章是可以自己在家制作的调味品合集。制作简单、可以根据自己的口味调节配料、干净卫生。能使厨房变得更有个人特色。

 注意，本章每道菜都有视频哦，使用"抖音"APP扫描二维码就可以在手机上边看边学了。

自制调味

调味品名单

辣椒油

葱油

花椒油

照烧酱

蓝莓酱

无辣不欢

辣椒油

⏱ 12分钟 | 🍴 简单

主料

秦椒面20克 | 朝天椒面20克 | 菜籽油250毫升

辅料

花椒面5克 | 白芝麻10克 | 盐3克

使用"抖音APP"
扫码观看视频

🧂 **调味技巧**

想要辣椒油的味道更丰富一些，
可以在加热菜籽油初期加入八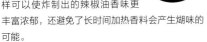
角、桂皮、香叶和葱蒜等香料，
待油温加热至六成热时捞出，这
样可以使炸制出的辣椒油香味更
丰富浓郁，还避免了长时间加热香料会产生煳味的
可能。

辣椒油和其他调味料一样，是烹饪中必不可少的一味调料。特别是对爱吃辣的小伙伴来说，如果没有辣椒油，吃什么东西都觉得少点什么。自己在家炸的辣椒油又香又辣，放冰箱保存可以存一年，比在外面买的健康又好吃。

做法

1 取一耐热的大碗，放秦椒面、朝天椒面、白芝麻、花椒面、盐，混合均匀。

2 取一炒锅，锅烧干后倒入菜籽油，加热到手掌放在油上方5厘米处能明显感觉到热度，并且能看到锅中起烟时关火。

3 用干燥的大勺舀1/3的油浇在搅拌均匀的粉面中，用干燥的小勺搅拌均匀。

4 室温下静置5分钟，再舀1/3的油浇入碗中，用小勺搅拌均匀。

5 再静置5分钟后，将最后的油倒入碗中，搅拌均匀即可。

6 最后，待油温冷却至室温时，将辣椒油灌装入小口径、无油无水的干净玻璃或陶瓷器皿中，密封保存即可。

烹饪秘籍

分三次放油是有讲究的，每次放油都会有不同的效果，第一次油温较高，会立刻激发出辣椒的香味，第二次加油会使辣椒产生更红亮的颜色，最后一次加油时油温已经降低了，可以酝酿出朝天椒中的辣味。

简易上手万能油
葱油

⏱ 15分钟 | 🍴 简单

主料
香葱300克 | 色拉油500毫升

使用"抖音APP"
扫码观看视频

🧂 调味技巧

除了纯正的葱油之外，还可以将
40克白砂糖、100毫升生抽和40
毫升老抽调成的调味汁倒入葱油
中，制成酱葱油，用来拌面也是
非常好吃的。

是否经常觉得自己做菜不够香、总觉得饭菜少点味道？可能你需要一勺调味万能油，浓缩着浓郁葱香的色拉油将熟葱的味道贯穿于各种食材之间，提升了整道菜的基调，让烹饪小白不经意间变大厨。

做法

1 香葱洗净、去根，切成5厘米长的段，控干水分备用。

2 取一炒锅，倒入色拉油，加热到手掌能感受到温热。

3 油烧热后调中火，下入切好的葱段开始炸制，其间不断用筷子翻动。

4 保持在中小火，将香葱慢慢炸至金黄失水。

5 待油保持在金黄色、香葱变得焦黄时关火，将葱叶捞出。

6 待油温冷却至室温时，转入无水无油的避光容器中，密封保存。

烹饪秘籍

掌握不好油温不用担心，可以在手掌能感受到油热起来的时候用筷子夹一段香葱下入锅中测试温度，如果香葱下锅后有小气泡产生，说明油温刚好，可以开始炸葱了。

花椒油

⏱ 12分钟　　🍴 简单

主料

色拉油500毫升｜红花椒20克｜青花椒20克

使用"抖音APP"
扫码观看视频

🧂 调味技巧

花椒油应用在非常多的烹饪场景中，凉菜、川菜、主食中都有它的身影，它不像辣椒那样刺激人的味蕾，却也具有一种让人上瘾的魔力。红花椒更香，青花椒更麻，在制作时可以按照自己的口味选择比例。

做法

1 取一炒锅，锅烧干后倒入色拉油，烧至二三成热。

2 放几粒花椒在锅中，可以看到微小气泡时，把所有花椒倒入锅中。

3 一直保持小火慢慢炸，不断搅动花椒，至花椒浮起。

4 待花椒颜色变成黑褐色、可以闻到浓郁花椒香气的时候关火。

5 盖上锅盖，待油温冷却到室温时，转移到无水无油的玻璃瓶中密封遮光保存。

烹饪秘籍

在炸制花椒油之前，可以将花椒提前泡一下热水，这样可以把花椒中的麻味浸泡出来，使炸出的花椒油的口感更麻香。具体操作是烧100毫升水，倒入花椒中，浸泡1分钟，然后将水倒掉，用厨房纸擦干花椒表面水分，再用纸包起来吸湿后，再进行下面的步骤。

出去吃面，可以不辣，但绝对不可以不麻。还有花椒鱼、麻辣香锅、麻辣烫，都要尽情放花椒油，避免了突然吃到一粒花椒麻掉整张嘴的"死亡体验"，还能吃到醇香浓郁的花椒香气，简直要列入年度最爱调味品清单了。

鸡腿饭安排起来

照烧酱

⏰ 7分钟 | 🍴 简单

使用"抖音APP"
扫码观看视频

主料
酱油80毫升 | 清酒80毫升 | 味醂100毫升
白砂糖30克

辅料
姜末3克 | 蜂蜜20克 | 蚝油20毫升

 调味技巧

鲜、甜、咸三种味道混合就得到
了万能的照烧酱，可以用它来
烤肉、拌菜、做小食蘸料，
没有多余的添加剂，干净又
安全。

日料店里的照烧鸡腿饭总是觉得差一口，每次都有吃不饱的感觉，学会了照烧酱的制作方法，照烧鸡腿饭马上就可以安排上了。咸口微甜还带有鲜味的酱汁配什么肉都好吃，小心不要吃下太多饭哦。

做法

1 将所有调料倒入干净的空碗中，搅拌至白糖全部溶化。

2 取一干净的平底锅，将调味汁倒入锅中，开小火熬制。

3 小火加热，并顺着一个方向不断搅拌，搅拌至微微沸腾。

4 搅拌一段时间之后，酱汁会变浓稠，这时改大火收汁，并加快搅拌速度。

5 观察到酱汁浓稠挂勺时关火，在室温环境中放置一段时间。

6 待酱汁冷却下来之后，转移到无水无油的玻璃瓶中密封遮光保存，尽快在两天内吃完。

烹饪秘籍

清酒以大米为原料，酒精含量比较高，入口时有多种混合味道。如果没有清酒可以用米酒代替，但是米酒酒精浓度偏低，没有清酒提味效果好。

酸酸甜甜就是它

蓝莓酱

⏰ 15分钟 | ☐ 简单

主料

蓝莓1000克

辅料

柠檬汁15毫升 | 白砂糖60克

使用"抖音APP"
扫码观看视频

🔊 调味技巧

制作过程中用柠檬汁来调整酸
度，可以改善蓝莓酱的风味；
蓝莓酱可以搭配面包或者拌水
果沙拉时使用。

做法

1 将蓝莓洗净，控干水
分，水越少的蓝莓做出
的蓝莓汁浓度越纯。

2 将控干水分的蓝莓放
入平底锅中，开中火，
不断搅拌至全部爆浆。

3 向锅中加入白砂糖，
搅拌均匀，并在此过程
中轻轻挤压蓝莓，使其
爆出更多汁液。

4 等蓝莓汁开始冒小泡
泡时，向锅中倒入柠檬
汁，再次搅拌均匀。

5 最后大火收汁，并不
断搅拌直至果肉全部软
烂成糊时关火。

6 待蓝莓酱在室温下冷
却之后，灌入玻璃器皿
中，密封避光低温保存。

🍳 烹饪秘籍

1. 清洗蓝莓的时候可以放一点点面粉，在水里揉搓，这样
   可以把蓝莓表面的白霜洗掉。同理，洗葡萄也适用。
2. 柠檬和蓝莓都是含有酸性物质的水果，所以煮的时候
   不可以用铁锅，建议用不锈钢、陶瓷或者砂锅煮制。

担心外面买的果酱添加剂太多，不如自己在家做安全又好吃的蓝莓酱。简单的配料、快捷的制作方法就可以得到浓稠、酸甜适口的酱汁。抹在面包上，拌进酸奶里，味道都棒极了。

萨巴厨房 ® 系列图书

吃出健康系列

能量果蔬汁 营养辅食轻松做 好喝的粥 减脂轻食 蔬果沙拉

粗粮细做 像营养师一样吃晚餐 像厨师一样吃早餐 滋补靓汤 主食沙拉 一煲好汤 一碗好粥

元气素食 低卡饱腹健康餐 多吃蔬菜身体好 沙拉与果蔬汁 轻食沙拉纤体瘦身 24节气养生餐 沙拉与三明治

无烟小油轻食料理 减脂健康餐 诱人的减脂料理 0-3岁宝宝营养辅食全攻略 广式滋补靓汤 0-7岁聪明宝宝餐 给孩子吃的快手营养早餐

0-12岁孩子成长餐 手作健康零食 怀孕期营养食谱 汤汤水水滋养全家 汤水之爱 月子期营养食谱

懒人下厨房系列

家常美食系列

    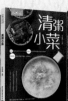  

图书在版编目（CIP）数据

萨巴厨房. 厨房必备调料，调好味做好菜 / 萨巴蒂娜主
编. — 北京：中国轻工业出版社，2020.5

ISBN 978-7-5184-2899-1

Ⅰ.①萨… Ⅱ.①萨… Ⅲ.①菜谱 Ⅳ.① TS972.12

中国版本图书馆 CIP 数据核字（2020）第 027145 号

责任编辑：高惠京　　　责任终审：劳国强　　　整体设计：锋尚设计
策划编辑：龙志丹　　　责任校对：李　靖　　　责任监印：张京华

出版发行：中国轻工业出版社（北京东长安街6号，邮编：100740）
印　　刷：北京博海升彩色印刷有限公司
经　　销：各地新华书店
版　　次：2020年5月第1版第1次印刷
开　　本：720×1000　1/16　印张：12
字　　数：200千字
书　　号：ISBN 978-7-5184-2899-1　定价：49.80元
邮购电话：010-65241695
发行电话：010-85119835　传真：85113293
网　　址：http://www.chlip.com.cn
Email：club@chlip.com.cn
如发现图书残缺请与我社邮购联系调换
190534S1X101ZBW